Read a different world. Read the world differently.

模特經紀是這樣煉成的！

Bonita Ma 著

序01｜香港模特經紀◎ Wing Wong

入行十八年的我，在第八年認識了 Bonita 這傢伙，說話直爽，明白時間的寶貴，沒半句廢話，跟天蠍很合得來。印象中她沒對我說過髒話，但怎麼總覺得她句句髒話。後來發現原來她是香港人呢，難怪（我沒有說香港人愛說髒話的意思，只是想說同是香港人，分外親切）。

十載的合作，由原本的萍水相逢，很快合作得有了種奇怪的默契，互相輸送模特，不過多數是她輸出給我的，所以她說，每次收到我「hi dear」她就緊張起來，甚至害怕。我又何嘗不是感同身受……因爲無事不登三寶殿嘛，模特又出問題了嗎？遲到工作？皮膚不好？變胖？變矮？曬黑了？私自剪頭髮？工作時很快沒電（i.e. 模特很快累）？直接離境消失？等等……模特們工作時漂漂亮亮的，華麗轉身後其實都是普通人吧，當中總有些奇人異事，例如：用一個完整的橙把宿舍的馬桶塞了。

很多時候看到她嘔心瀝血的臉書貼文，情不自禁地很想留言：感同身受、身受其害……前世要做多少壞事，今世才會當模特經紀？看完這本書，您就知道爲了下世著想，要開始積積福了……

序02｜新加坡《NYLON》雜誌總編輯◎ Adele Chan

多年前，我在《NYLON》雜誌擔任編輯時認識了Bonita。我們的溝通方式一般都是傾向於簡短而直接——「我需要一位模特進行拍攝」，她就會根據適合度與檔期而推薦模特。與她來來回回合作已經超過十年了，通過我們的合作，我也認識了許多她旗下的模特，他們對於Bonita這位著名的經紀人都有同樣的想法——她看起來很凶悍而令人生畏，但也善良且公平；她全身心投入工作，還有最重要的是，她很照顧他們。

就我個人觀察，Bonita並不是在經營一般的經紀公司，她在經營著一個把模特當家人的親密家庭。她非常關心她的團隊，並爲他們提供時尚與美容相關的實用建議。同時，Bonita 並不會活在舒適區，她會不斷地創新並突破自己的領域界限——首先，她成功將一些模特推向國際平臺，之後還推出了網絡自製節目，讓觀衆瞭解成爲模特的幕後經歷。在最近一次的攝影工作坊，我聘請了 Basic Models 的四位模特，其中一位說得非常好：「我很高興可以與 Bonita 合作，我無法想像自己屬於別的經紀公司。」

序03｜新加坡名模◎ Aimee Cheng-Bradshaw

我十三歲那年，在購物中心被發掘而與 Bonita 相識。在最初出道的時候，我就清楚瞭解到 Bonita 會成爲一位怎樣的經紀人——她細心、有野心，渴望爲模特行業創造具有影響力的貢獻，同時也很重視團隊的待遇。這些都是我多年來有幸見證她所建立的事業基礎。

回想起 Bonita 從在其他經紀公司工作，而後創辦了 Basic Models、以她位於金文泰一帶（非常遠）的政府祖屋充當辦公室，到發展成爲今日的行業龍頭，這一切的蛻變都讓人覺得很驚嘆。

沒有 Bonita 就不會有我今日的成就，不僅僅是她有經紀人的專業能力，也是在我事業遇到各種起伏的時候，她都給予傾聽、安慰和鼓勵。當我離開家與舒適圈到外地工作數月，很多時候唯一可以「拯救」我的人（無論是比喻或是字面上的確切意思）就只有她，而每一次她都幫我度過了難關。我覺得在這個行業擁有一位眞正支持你、爲你著想的經紀人是非常難得的，這讓我更感激 Basic Models 陪伴我達到成就，也非常榮幸多年前就成爲了她旗下模特的一員。

序04｜新加坡名模◎ Layla Ong

當我知道Bonita要出書，覺得特別激動。不瞞你說，她是我見過最專業的經紀人。她不僅僅是爲了生意，她更是出自內心地照顧我們這些模特。所以我知道這本書裡面的內容一定是很眞實和豐富，並且鼓舞人心的。

大家一提到Bonita Ma，第一個聯想到的一定是她那副長得像包青天的「黑臉」。說說我們的首次見面，我對她的第一印象就是：她交叉著雙臂，靠著桌子，眼神上下掃視，瞬間讓人感到不好意思。使我忍不住想：我應該是有什麼事情做錯了或哪裡不對勁。猶如你發現答錯了考試最重要的那題，心想的一定是：「慘了慘了，我一定落榜了。」我試鏡當天，就是這樣被她嚇到的。

不過她外表雖然嚴肅，可是實際上她並沒有罵過我；她說話直接，但頭頭是道；她態度冷漠，但凡事都在爲我們這些模特著想。然而，我最喜歡她的一點就是她很尊重我們的想法，從來都沒有藐視我們或是想要控制我們。

外人可能不知道，但 Bonita 其實就是個超人。她身上背負好多的重任——在公司裡，她不只是安排我們的工作（因爲公司上下七十多名模特和藝人，每個人都有不同的時間表和在不同的地方），還要自己處理會計事宜、爲公司創作內容、展開訓練班等。在公司外，她又是兩個孩子的媽媽、別人的老婆、別人的女兒。只能說，她很偉大。

你們知道嗎？即使她在待產室，我們仍然可以收到她的工作信息。我在想是操心？頑固？還是工作狂？我只知道她是多麼熱愛自己的工作。

所以 Bonita 對我來說，是老闆、經紀人、導師、知己，同時也是我的貴人。肉麻地說，沒有她，就沒有今天的 Layla Ong。

序05｜馬來西亞名模◎ Eleen Yong

很榮幸被 Bonita 邀請寫推薦序，如果要我說關於她是個怎麼樣的人，其實還是有蠻多可以說的，哈哈。畢竟我們認識了接近十年，也正在一起經歷慢慢變老的過程。如果你覺得照顧一個小朋友很困難，那你一定要看這本書，因爲我每次都會很想問 Bonita，究竟是怎麼做到除了照顧自己的兩個小孩，還要兼顧繁忙的模特事業。

二〇一三年我被 Bonita 簽了下來，當時她的辦公室就是在她自己的家。從她懷胎直到現在擁有兩個可愛小孩、從自己的家直到三間 studio 的辦公室、從一個人直到擁有一群很棒的團隊、從我當她的模特直到後來幫忙她教學，我都眼睜睜地看著這個女人經歷非常狗血的劇情。可能她分享給我的只是一部分，因爲畢竟我們一年見面的次數可能也不多，所以我一直都很希望她能夠把她的這些經歷一一分享出來。工作上總會遇到許多糾紛，經紀人面對的不只是來自模特的壓力，同時還有客戶。就好像三明治一樣被夾在中間，只要調和得好，一切就很順利。但我認識的 Bonita，爲了模特，好像眞的就不怕得罪人，單憑這一點我還蠻期待看這本書如何去處理那複雜和敏感的人事物。

同時我也想對 Bonita 說聲謝謝。我打從心裡佩服這個經紀人，當模特的時候，可能不明白她的用心良苦。但是當你站在她的位置的時候，你就會感受到她的想法和不容易。現在的我遇到困難，我都會想起她的堅毅精神。所以這本書除了講述她作爲經紀人的故事，同時也能夠啓發我們在生活中如何應對人際關係和如何處理危機。

目錄

輯一

模特經紀入行的甜酸苦辣

01 每一個經紀人都是誤打誤撞入行的

我是二〇〇七年四月十六日入行的。入行那天我穿的是 Emily the Strange 的 pullover，配牛仔裙加 Converse。面試是開工的兩天前，應徵的職位是 Project Coordinator[1]。老實說我到報到那天還不很懂我要做什麼，並且強烈懷疑我當時的老闆也不知道我要做什麼。

我只是感到非常開心終於找到一份不用穿 office wear 的工作，上班地點還在市區。每天在非常熱鬧的商區上下班，很有小資女孩衝衝衝的氛圍感。

作為一名從小就愛看時尚雜誌的女生來說，我開工一週後覺得不對勁的地方太多了。

1 即項目協調員。

當時的公司雖然自稱是 model agency[2]，但其實就是一間規模不大的 talent agency[3]。公司和時尚根本搭不上邊，接到 fashion show 的機會很少，專門拍時尚大片的製作公司不會找我們這家，雜誌社當然也不在客戶名單內。公司接的工作大部分要嘛就是商業活動，類似找小哥哥小姐姐派派傳單的那種 roadshow[4]。要嘛都是比較 lifestyle[5] 的廣告，像是飲料、保險、電信公司和一些銀行廣告之類的。當時最賺錢的莫不過是一名二十尾、三十頭的印尼華僑，他有一張看起來有錢且事業有成的臉孔，每個月拍一支廣告都比他的本職賺錢。

那時候剛畢業，每次跟朋友們聊起工作，總是有些人會嘲諷說：「你們公司是三流的吧？」或是「你們是做那種撈偏的色情模特吧？」雖然和色情沾不上邊，但當時的那家公司的確很難說是正規的模特經紀公司。公司最大的經濟來源是銷售攝影配套給想當模特的人，就是那些會在街邊拉著你的手說：「哇，有沒有人說你長得很像模特？」之後死拉著你不放直到你留下聯絡號碼的星探。我當時的公司就是專發這些星探們出去「拉客」。我會在新加坡不同的論壇上看到一堆罵這些星探的留言，大家原諒那些星探吧，很多都是小妹妹們放假來打暑假工，她們沒達到當日 quota 是會被扣工資的。

公司只有兩個部門，一個是負責銷售攝影配套的銷售部門，一個就是我所屬的經紀部門，專門「洗白」的。隔壁銷售部門有時候爲了達到營業額「下手」有多狠，人到我們這個部門就有多令人頭痛。你想想看，一堆中年婦女在拍攝的時候，一直被洗腦說保養得多好，一定能上雜誌。拍完之後就沒銷售的事了。那些阿姨們有事沒事就發個短訊說：「什麼時候能上雜誌啊？」試問我們要去哪裡生一本會拍一堆中年婦女的雜誌啊？

其實，擁有一堆路人的經紀公司也是有優勢的。基本上新加坡所有廣告公司和製作公司都必須跟我們合作，因爲他們要什麼人，我們都有。上至八十歲的印度阿伯 **roti prata man**，下至六個月大的嬰兒、八歲的混血雙胞胎和三十五歲的成功人士，什麼人都有。

但老娘想做的不是這一掛，我從小就愛時尚的 everything，中學四年每逢考試最後那三十分鐘，我都是在考卷上畫圖，素描聲大到考官過來敲桌要我檢點檢點。念完兩年美術後，發現新加坡當美術生眞不是窮人家小孩幹的事，毅然轉讀當時所有人都被騙很賺錢的

---

2 卽模特經紀公司。

3 卽廣告模特經紀公司。

4 卽在公共場所進行演說、演示產品、推介理念及向他人推廣自己的公司、團體、產品和想法的一種方式。

5 這裡指一般生活用品和服務。

Infotechnology 系[6]。但這並不妨礙我畢業後專門找時尚類的工作應徵，自己也開過網店（然後大虧倒閉啊啊啊啊）。現在好不容易找到一份聽起來多麼時尚的工作，即使公司再黑，我都要把它轉成白的。

當時就是抱著這個想法。

隨後我憑著摩羯座做起工來發神經的衝勁，真的就做出了一些成績。要把一家廣告模特公司瞬間扭轉成時尚模特公司是不可能的，我只能一步一步來。思前想後，終於找到了突破口——那就是展場模特。當時對於普羅大眾或是行內人，「新加坡模特」的刻板印象就是車展女郎或者是 **IT showgirl**。我在研究這展場模特的市場時，發現其實很多展場模特的條件明明都很好，身高一七〇以上的瘦子很多，甚至有一些根本就是應該做 **fashion model**，但可能真的跟外模打不過，只好接展場。而且展場的氛圍非常高昂，一堆哥哥叔叔們圍著妳不斷拍照，錢又多。還有一些展場模特會有粉絲團。從錢的角度來說是不錯，從事業發展的角度來說，幾乎是零，很多有潛質往國際路線發展的模特是真的浪費了。

我當時除了每天接一般的廣告工作，其他時間就是跑展場，參考哪些廠商會徵用模特、模特都是哪些類型、工作性質包括什麼。反正就是一本小筆記和一支筆，出入大大小小的展場快一年，再做個大整理。在這一年裡，免不了也是招兵買馬。除了跟隔壁銷售部門提議我需要的模特的條件讓他們幫忙留意之外，其次就是從公司內部的過萬人選（沒開玩笑，眞的是過萬）中挑選身高及格、外貌尚可的男生和女生，接下來就是進行簡單的培訓。

我還記得當時跟那位老闆（簡稱壯士老闆，他壯到我有好幾次跟他頂嘴之後，都害怕他會當場把我舉起來甩飛）提出自己要親自培訓模特的時候，他的第一個問題就是：「妳加班要不要算錢？」而且問的時候還帶著諷刺的意味。因爲好幾個月前，我就針對加班費這事跟他輕微地提出一嘴。

我的上班時間是朝十晚七，但是在加入公司的前三個月，除了第一週比較休閒之外，其餘幾乎每一天都是晚上八、九點才收工，不是辦事效率低哦，是眞的非常非常忙碌。之後我上網查了，勞工署有提過我這種薪水卑微的，只要工作超過XX小時，應該就是要算是overtime[7]。我就覺得問問老闆無妨嘛。結果沒想到問了之後，他一臉錯愕，好像我提了什麼孫悟空爲什麼從石頭爆出來那種程度的問題，最後只是很理所當然地說：「這一行都這樣，啊不然。」然後趁我再問下去之前就逃之夭夭了。

---

6 即信息技術。

7 即加班時間。

反正當時對於我這個培訓要求，壯士老闆剛開始是反對的。他覺得培訓應該要收錢，而我覺得：你他媽的賣人家那麼貴的攝影配套，還亂答應一堆有的沒的，你好意思哦？培訓主要是讓這些模特瞭解廠商一般對模特的要求是什麼，這些展場工作包括什麼，試鏡的時候要怎麼表現才會得到工作，而模特得到工作才能夠有收入。如此一來，公司對他們又有個交代，那不是雙贏嗎？唯一吃虧的不是只有免費提供培訓的我嗎？Excuse me？最後，老闆就是被我那一句「不收你overtime」說服了，而且大前提是我的培訓必須要在不影響工作的情況下進行。

眞他媽的是個商人。

就這樣，我的展場模特部門開始了。簡單帶過就是——培訓眞的有用。我發現培訓過後的模特眞的比較拿得出手後，就把培訓過程加碼，從一堂簡單的講座，變成四堂課，包括糾正形態、怎麼擺pose、怎麼應對交流和怎麼處理突發狀況等等。

然後在我做得正興起的時候，壯士老闆突然把我調去了國際部。

這個部門呢，是壯士老闆自己入了別人的坑而生的。他不知道在什麼場合認識了當時相當top的模特經紀公司的某一名打工仔，那位打工仔不知道灌了壯士老闆什麼迷湯，竟然獲得被重金挖角的機會，特地開了一個國際部門給他打理（澄清一下，這兩位皆直男）。

國際部門主要是邀請國外的模特到新加坡工作，合約大概兩到三個月，當時所有新加坡的頂尖模特經紀公司都是靠外模來接工作，新加坡的廠商一般也比較相信外模的素質。

我那一年最夯的是甜美型的混血模特（這類型到現在依然稱霸很多亞洲國家呢），尤其是俄羅斯、巴西和烏克蘭等的外模，雜誌、走秀、婚紗和廣告拍攝統統都是她們。那是二〇〇八年，一張從巴西過來的機票最少兩千起跳，四、五千的都有。當時那位打工仔真的就是拿著壯士老闆的卡不斷刷，完全沒有跟他在客氣的。半年內也才飛了八位模特，租了一間還好的公寓，但到我接手的時候，看到那個帳目，我嘴巴都合不攏。

這是個好大好大好大好大的坑。半年內可以虧成這樣，那個打工仔也真的是有本事有guts。

他媽的我要怎麼填這個坑啊。

國際部開了之後，其實有吸引一些之前不曾有來往的品牌和廠商，當然還是得歸功於那個已經被炒掉的打工仔。他工作能力真不怎麼樣，但就是有條三寸不爛之舌，好會掰，有一些工作就是這樣掰著掰著接下的。但他選模特的眼光不適合我們這家公司，而且那些飛進來的模特，也不曉得原來這家公司接的時尚工作不多，反正就是 expectation level[8] 沒有 meet 到，雙方都很不高興。我接手後第一時間就是減低開銷，再把之前培訓過的展場模特拉進來當外模，一起推銷給時尚掛的廠商。

然後就是一輪的羞辱。

我最記得的是有個婚紗店的廠商收到我們的模卡後，特地打電話回來罵說：「本地模特模卡就不要發了，開檔都是在浪費時間。」當時候本地模特的模卡照片眞的不優，所以我又花了一輪功夫去跟屬於銷售部門的拍攝團隊溝通，當時候的化妝師和攝影師其實對每天拍一樣的攝影配套都有點膩了，對於我提議說拍些時尚照增強大家的 portfolio 興趣很大，所以我們就悄悄地進行了（壯士老闆知道能不反對才有鬼）。

那陣子的那些時尚照都是爲我想要重新包裝的模特量身定做的，其實就是我後來 testshoot 的 version 0。當時我連 testshoot 是什麼概念都不知道，只知道模特的照片很爛，賣不動，需要從零做起。我根據每一位我想栽培的模特的外形和能力去設計造型和方向，主要就是針對我可以跟哪一些廠商去推他們的 profile，比如說商業活動的廠商喜歡看充滿青春和陽光氣息、笑到見牙不見眼的那種照片；婚紗廠商需要看到婚紗照或晚裝照等。決定好方向再拿著 reference photo（mood board）跟攝影師和化妝師商量，在他們的拍攝期間，我會在現場 direct，確保最後出來的效果確實是我需要的。

重新設計了本地模特的模卡後，我又嘗試發了出去給幾個 client。明明已經 shortlist 了，他們有些腦子太好，記得某幾個女生的名字，然後就試探地問 X X X 是不是新加坡人。一聽是，立刻把模特從名單上刷下來。

這個成見是當時最困擾我的，因爲已經不是模卡的問題，模特也還沒來得及表現就被打槍了，就只因爲他們是國模。在培訓和做重新包裝的這一段日子裡，我見證了很多明明很有條件、能做得更好更多的模特，因爲沒有機會，或者是年紀變大而無法再發展而灰心轉行。當時中國、日本和韓國的模特都在國際平臺竄起，我一邊看 fashion week 直播，就一邊在想：「什麼時候新加坡才能對自己新加坡人多些支持？」

8　即期望值。

我發現培訓過後的模特員的比較拿得出手，就把培訓過程加碼，將之推銷給時尚掛的廠商。

02 — 國際部的大咖

好不容易在我開始把展場模特和國際部兼顧得不錯的時候，壯士老闆又不知道從哪裡認識了一名大咖。這次不混水，眞的就是位擁有二十年經驗的大前輩——M姐。M姐就是個行走的衣架子，搭色永遠是從頭到腳一個色系，背後一片大大的紋身。每天開著寶藍色的Lamborghini，拎著Lanvin[1]名牌包，卻竟然素顏進來，看起來非常酷。她一進公司，壯士老闆就很給面子地分配了一名同事E給她管，她對別人和對同事E完全是兩個不同畫風，前一會兒在跟我們說笑，轉過頭對同事E呼呼喝喝。但呼喝歸呼喝，她其實算是有手

1 浪凡，法國奢侈品牌。

把手把自己的那一套傳下去給同事E的，但同事E可能剛入行也太新，罵都罵懵了，已經不知道該如何吸收了。

後來我才懂，哦，原來這是九〇年代的做事手法，這是 tough love[2]的指導手法。

M姐的加入給我帶來最大的收穫，就是她從不吝於分享自己的經驗（以及八卦）。我當時的展場模特培訓已經開始進化了。自從國際部開始後，不是吸引了一堆時尚掛的廠商嗎？中間不乏 fashion show 的工作，但因爲我們公司的檔次（唉）接的牌子都不是最大的，最常接的就是 mall show 和婚紗秀（因爲我們便宜）。每一次到場，不論是試鏡還是 actual show[3]，都是一個免費課堂，我都是默默地瘋狂吸收知識，之後把這些迅速整理，再加入培訓當中。

展場模特形態其實已經糾正完畢，下一步就是開始 train catwalk，我除了自己上網研究，其他的就是靠我帶進來的外模，比如說俄羅斯當時有很多（所謂的）模特學校，很多課程都是灌水的，飛進來的模特走得比我展場的那些女生差超多。台灣、中國和韓國的培訓課程及方法都比較接近，有一次還飛了一位導師進來（就是在中國開班，但自己也是模特的），眞的是撿到寶，沒事就拉他到 studio 請教。還有就是M姐，她看了二十年的秀，對於新加坡 show producer[4]喜歡哪一種類型的模特，他們的一些習慣和挑剔的東西都分享，眞的是獲益良多。但M姐沒多待，後來好像是跟老闆理念不同，就離開公司了。

2 卽嚴厲的愛，爲迫使某人解決自身問題而採取的強硬手段。

3 卽現場表演。

4 卽秀場製作人，也稱秀導。

03｜在 Talent Agency 的最後時光

入行後的前三年，過得很充實。

展場模特最忙的時期是九月份 F1（Formula One）大獎賽的時候，哪裡都需要 event models，單單 F1 賽場場外的 VIP 區就已經需要二十名模特站場了。我們公司都是非簽約模特，常常會有人放飛機，然後我需要趕快找人救場。做國際部門的時候，也是一個人單打獨鬥，除了要接工作，還要當保母照顧外模的起居飲食。模特公寓什麼東西壞了，要找人去修理，這些都是我得負責的，我還試過一個人搬一張實木的床。誰跟誰不和，我就要去當和事佬。模特抵達新加坡第一天要去接機，簽證到期了要幫他搞定。反正就是人到了新加坡，統統歸你管。

後來加插培訓項目，當然就是工作量加碼，週末都消耗掉了。但因爲一直遇到很好的同事，工作氛圍是愉快的，雖然忙，但甘願。我雖然沒老闆運，但主管運還不差，入行的第一位主管給予我十分大的空間去發揮，也常幫我說服壯士老闆同意某一些很不賺錢的決定。

每天加班到晚上七、八點，下班和同事去吃飯、喝酒和蹦迪，跳到淩晨四點。回家卸妝後，淩晨五點睡下，八點半起床去開工，過著日復一日的生活。試過喝醉酒快淸晨的時候，還有意識要回公司睡，第二天直接開工。

後來，同期入行的同事和M姐都離去了，有一晚加班到十點，身後是新加坡河的夜景，突然感覺好空虛。那一陣子跟壯士老闆的摩擦增加，業績已經提升到史無前例的高，我自認爲應該有籌碼去爭取一些不那麼賺錢的事情，比如說簽約模特的酬勞對比、幫忙我進行培訓的人手和空間等等……但是這些統統都被駁回了。

之後就累了，不想伺候了。一言不合，不退讓，就被辭了。

04 加入國際模特經紀公司

二〇一二年發生了好多事。第一件事當然就是我離職後，壯士老闆堅持說是我擅自離職，想藉此賴掉拖欠我的佣金。明明就是他自己炒我魷魚，現在又想反悔。第二件事就是我加入了 Elite Singapore。

國際模特經紀公司分行耶。我當時看到 email 的時候，腎上腺素都超標了。我很快地被安排應徵，很快地被 confirm，很快地開工。

開工第一天，就讓我大傻眼。

應徵的時候，面試我的是老闆（這裡另稱 G）和一位形象顧問 JM，我還心想：「哇，還有自家的形象顧問耶，聽都沒聽過別家有，果然是大公司。」G 說辦公室在 SPH（新加坡最大的報社），我當下只聯想到：「哇，大公司果然資源好，還直接進駐到報社大樓，一定是有合作關係。」結果呢，原來是和 SPH 同樓，但跟 SPH 一點關係都沒有。二樓有一間出租的 shared office，沒有隔間，就是一個大空間，然後東邊那一塊是娛樂公司，西邊那一塊是音樂製作公司，Elite Singapore 則被分配到靠窗的那一小角落。

我報到的第一天，原來也是他們搬進去 shared office 的第一天。桌子只有兩張，還不夠我們三個人用，其他地方空空如也，連電腦都沒有。我以為是第一天來不及準備電腦給我，後來發現，根本沒有打算要撥預算買電腦。身為唯一的經紀人，竟然沒有電腦!?

然後下一個驚人的發現是——沒有模卡。我加入的時候，Elite 已經開了快大半年了吧，開之前舉辦了一個模特比賽 Elite Model Look[1]，當時是跟總部合辦的，每一國的 Elite 公司都會派他們那一屆的冠軍代表國家參加總決賽。當年的冠軍是熱門 Fiona Fussi，我加入的時候她都已經從上海參賽回來，上過報章雜誌的媒宣，Elite Singapore 把同屆的其餘十名參賽者也一併簽下來。我去應徵的時候，G 說這些女生都開始接工作了，結果，沒模卡？而且當我提出這個疑問的時候，他一臉訝異地問，什麼是模卡？

我看了他發給廠商的 profile，就是模特的日常照放在一個 PDF 檔，身高和三圍資料都打得亂七八糟。我問說，哪些模特接過哪些工作，要他發個工作列表給我。他從 polo tee 左胸口袋掏出了一個巴掌大的小本本，比我當年去參考展場的那本還要迷你，頁面裡有些有字有些沒字。我看他那十幾頁翻了兩遍都答不出來，我都懷疑他到底看不看得懂自己在本子裡面寫了什麼。

這時候我還沒發現情況有多不妙。直到過完第一週，發現他基本上在公司的時間就只有早上，下午一、兩點他女兒下課，他就消失了。大部分時間就是我和形象顧問大眼瞪小眼。準確來說，是我頻頻有新的驚人發現，之後轉過去試圖要 get 到形象顧問的 attention，然後形象顧問要嘛在喝茶，不然就是 on the way 去泡茶，十足的英倫紳士。

驚訝發現第三波，就是一堆模特其實還沒簽約，原來我才是別人簽約的關鍵。應該是有些模特家長覺得G不擅經營模特經紀公司（這樣說都客氣了，他真的是沒概念），所以都不太敢進一步合作。直到他把我拉進去，到處跟人說請到了專業經紀人，家長們才點頭簽約。所以之後跟家長們開會啦，或跟投資人開會啦，都是丟我名字和經驗出去的。

撇開這些事不談，他跟壯士老闆最大的分別在於，G真的給我很大的自由度，也因爲他對模特經紀公司如何經營這一點太沒有概念了，我一加入他立刻成甩手掌櫃，消失得

1 即 Elite Models 在全球各地主辦的模特大賽。

無影無蹤。我花了一週時間做了個統一整理，包括模特的資料、模卡和 casting[2] 等。接下來就是我在前公司的那一套——沒照片的安排 testshoot，沒見過的統統拉回來做個正式 briefing，然後就是拍 casting 照，檢查他們臺步的狀況，不行的拉回來培訓。

Elite 是個 franchise[3]，距離上一次有人買他的代理權已經快十幾年了，所以一聽到 Elite 回歸新加坡，很多時尚圈的廠商都跑來打招呼。Fiona Fussi 當然就是大熱門，她簡直就是爆紅。從上海回來之後，又是雜誌封面，又是 catalog[4]。那時候新加坡還有時裝週，是 Audi[5] 贊助的 Audi Fashion Festival，整條烏節路掛滿的 AFF poster 都是 Fiona 的臉孔。Fiona 是學生模特，以課業爲重，放學後能接工作的時間並不多，各個品牌都搶著要人，還有廠商想讓她出國走秀，風頭一時無兩。

我順著這個時勢也做了 Elite 的第一輪閉門甄選，牌子太響了，就算不宣布招生都一堆人想進來，何況是看到冠軍做得那麼好。G 這時候正跟形象顧問 JM 斟酌關於新一屆的 Elite Model Look，還跟我說他可能要拉攏跟我們同一間 shared office 的知名音樂製作人工作室和某娛樂公司代表，反正就是講到有龍有鳳。但隔週 JM 突然說要回國了，他說 G 很客氣地請他走，當時我沒多想，只是心想 G 大概也覺得大材小用了吧。他把 JM 送走不到幾天，有天下午，G 突然說要搬公司，之後很詭異地特地安排一個星期六，趁 shared office 的人不在場的時候，把東西撤走了。

新的工作室位於 Mohammed Sultan Road，也是一間 shared office，但起碼這次是獨立單位。辦公室超空的，除了兩張辦公桌，就是我從家裡帶的一面鏡子。平時下午，模特會來公司，拍拍 casting 或聊聊天。那時候公司的模特已經快三十名了，而且有十幾名是全職模特。我開始著手處理第一次送模特出國工作的事宜，也就是說當 mother agency[6]。以前在帶外模的時候常遇到很不負責任的母經紀，有些發我的 casting 跟本人相差三千五百里。後來問起模特的時候才發現，她母經紀發我的，是她跟母經紀三年前簽約時拍的 casting。也有一些母經紀簽了約，把人丟上飛機之後就不管了。我們這裡出什麼狀況，包括模特下一個國家的簽證沒搞定，可能要卡在新加坡，他們也沒反應。一直到模特離開新加坡，也就是合約期滿要收錢了才出面討佣金，不負責任得很。

---

2 即試鏡。
3 即特許經銷權。
4 即型錄。
5 奧迪，一家德國汽車製造商。
6 即母經紀。

輪到我自己當母經紀，當然就是想把在別人身上看到的錯誤避開。所以在那幾個月著手處理這件事情的時候，根本沒時間察覺G的小舉動。在搬進去新辦公室的一週後，他留了一本簽了名的空白支票本子後，說要回國放 summer break 後就消失了。

本來說的只是去兩週就回來，結果兩週又接著兩週，兩週後又是兩週，沒完沒了。短訊回覆越來越少，越來越慢。我的薪水一向來都是以支票付的，本來以爲G很快就會回來，所以該開給模特的支票、新辦公室的租金等，我當然照給不誤。直到支票本裡只剩三張支票的時候，我才終於認清一個事實——G不會回來了。

當時是二〇一二年的九月尾，我手上僅剩最後三張G簽名的空白支票。我不知道公司的銀行戶口還剩多少錢，我不知道這三張支票拿來支付了我的薪水和公司租金後，還有一張可以開給哪一個模特，但我知道的是，這間公司到頭了。

我每天看著 shared office 接待處姐姐的黑臉，她催了兩次下個月的租金，我在想的是，幸好他簽合同的時候給了一個月的抵押金，有什麼事起碼還能拖一個月。我又打了無數個電話過去給G，他不接，只回覆 email 和短訊說因爲 blah blah blah……所以回不來。問了幾次能不能轉帳支付薪水和租金，他也一直打太極。

當時的 Elite Singapore 只剩我一人在管理，我能撒手不管，東家不打打西家，憑我的

資歷要找工作不難。但我一旦退出，這個爛攤子就沒人管了。我剛簽約的一堆模特該怎麼辦？上升期的 Fiona 之後的工作怎麼辦？模特之前工作的錢誰買單？如果G之後真的不回來處理怎麼辦？或者如果G找回來接手的人很糟糕怎麼辦？

那年我二十六歲。男朋友說：「妳交給誰都不放心，不如自己開公司，把他們都接手過來吧。」

所以我就開了 Basic Models。

二〇一二年，我加入國際模特經紀公司。左圖爲我的工作臺，右圖爲共享辦公室一隅。

05 從天而降的一堆投資者

我這個人有個很奇怪的磁場，就是總會吸引一些奇奇怪怪想送錢給我的人。

我忘了是什麼時間點，跟衆人聊起可能要自己開公司這件事。反正消息一傳出去，就開始有一堆不是很熟，但很想投資或想一起合作的人。

之前舊公司合作過的一位阿拉伯籍女模，本來是跟著我到 Elite，後來 Elite 還沒簽約公司就倒了，約也就不了了之。她一聽到我說即將要離開 Elite，自己出來闖，立馬自薦要當合夥人，說她爸認識新加坡富豪（是誰就不說了）。如果她入股，富豪先生應該會賣個面子，在他的大樓裡免費提供一個單位給我們做辦公室。我聽著覺得很懸，和這女生合作過一段日子，但眞的不熟，之前的印象也很虛，好像不太靠譜。談著談著，她好像爲表誠意，硬是邀請我們到她男友的住處去暫時辦公，說她男友家很有錢，一套房子也不算是什麼。後來又說跟那一個富豪提起我們，那位富豪也說想投資，把 Arab Street 的其中一間 shophouse 二樓空出來給我們當辦公室。說著說著，她又說是要繳月租的，但她可以 cover 月租。反正就是畫了好多大餅，但前言不對後語。還有一些之前在 Elite 合作過的攝影師和 client，說要合租辦公室的也有，說要純投資的也有。我當時十分感觸，好像突然間大家都想當個跟模特經紀公司有關聯的人，是不是眞心想做事則另當別論。

我自己唯一主動接觸的投資者只有 Elite Singapore 的大股東。之前聽 G 和 JM 提過很多次，他是某電視臺的高層之類的。JM 其實是一位半退休的舞臺劇演員，老實說我也不知道他在 Elite Singapore 時眞正的工作是什麼。我們都還沒打好關係他就被裁了，大約是因爲公司沒錢。他離職後，回去了澳洲，但其實一直很想回來新加坡工作。我在 G 搞失蹤的時候有跟他聯繫過，他也很好心地給了很多建議，在聽說我要創業的時候，可能也是抱著一半私心一半好意，幫我跟大股東搭了個線。

JM 提出把之前擱下的 Elite Model Look 第二屆，作爲一個引點 sell 給大股東。簡單來說就是叫我主辦 EML，JM 去幫我談活動贊助。我剛加入的時候就參考過第一屆的資料與財務（雖然十分散亂），如果開銷掐緊一點，模特比賽本身是肯定賺錢的。贊助商除了產品和場地贊助，其實還有蠻可觀的 cash sponsor。比賽留下來的資金，如果在經紀公司正常營運之下，其實根本不需要再多的投資，我想了想可行度，擬了一個簡單的企劃書，發了給大股東。

大股東是個不折不扣的資本家，很給面子地聽完我的一番話，結論就是——G已經從他身上掏過太多次的投資，都是打水漂的，他不太有興趣了。我記得當時和 JM 在 St. Regis 的套房，終於找到機會能跟他電聊，他說他看了我發的大綱，但都是空談。他要的是一份更詳盡的企劃書，就是一堆列表啊，開辦公司後的三年預算表，投資報酬率等。

我是 IT 畢業生，哪會這個？但我確實做了，四天內生了一份報表出來。我開了一個蠻高的價，股東先生也說可以考慮。但已經到商議細節的部分了，我卻突然冷靜下來。

其實在準備企劃書的那四天，我一直在反復問自己，我真的需要這麼大一筆錢嗎？我看過太多所謂的經紀公司，雷聲大，雨點小。公司開在最貴的地方，裡面裝修得金碧輝煌。花幾十萬租豪華公寓，飛外模進來，剛開始的錢一下子花太狠了，工作量不夠回本，之後很快就倒閉了。想當年舊公司的國際部就是活生生的例子。這次的投資我一旦拿了，投資期到期如果賺不回來，是要賠錢的。我不想開一間很快就倒閉的公司，我只想好好經營模特，好好幹事，做個長長久久的生意。

那場投資的協談，後來就被我默默地散掉了，JM當然也沒回來。我後來得知的是，當時創辦Elite Singapore的共有四位股東。其中一位看我們這邊安靜地收掉，既然代理權還沒到期，就自己另外開了一家。但好像也是因爲營運不當，一年後就結業了。當然這就不關我的事了。

06｜Basic Models 的最初期

Elite 從我加入到離開，連網站都還沒準備好。那個所謂花了兩萬塊新幣的網頁設計，那位設計師我只見過一次面，我除了 prototype，就沒看過成品。

而 Basic 呢，我和男朋友 Alex 從註冊公司、去銀行開戶口、建立網頁和社交平臺、決定公司名字、設計公司 logo 到設計模卡，甚至連公司內部文件都是一週內搞定。

我正式跟 Elite 辭職，離職的時候，我發了一封很強勢的 email 給 G。內容大概就是「現在給你三條路走，但其實只有一條行得通，你看著辦」的那種強勢。我立出的條件也很簡單，就是要求 G 把 Elite Singapore 旗下模特的代理權交給 Basic，模特在不受影響下繼續工作。相對的，我會代表 Elite 把之前工作的款項從廠商那邊收回來，再從 Basic 發工資給模特，Elite 該收到的佣金，我之後會再轉給他。G 那陣子已收到很多家長的 email 和電話轟炸。除了追錢之外，大家最關心的就是我離職之後，他們女兒的發展。所以即使他有點不爽我 email 的態度，其實也就毫無掙扎地答應了。

下一步就是通知廠商們我單飛了，以後開單的公司改爲 Basic。感覺上好像大家也沒多意外，畢竟十幾年前加盟 Elite 的那一家公司好像也只經營了一兩年，這次本來大家都不太看好。而且反正經理人還是我，還是同一班模特，公司是什麼名字對他們來說沒多大差別。我其實蠻慶幸 Basic 不用經歷那個需要很用力介紹才會被試用的階段。因爲模特和我都是從 Elite 出來的，這個印象點對很多廠商來說是加分的。而且公司一開始營業，因爲是無縫接手 Elite 之前的工作，所以很快就開單了，我從第一個月開始就已經在領薪水。

關於領薪水這事，雖然剛開始的時候數目確實不多，但我很堅持不搞分紅那一套。當時身邊創業的人很多，很多人都是看公司那個月賺多少錢，再決定拿多少薪水，但這樣子變得每個月開銷不固定，預算很難做，sales target 也很難定。我在以前做國際部立下的習慣就是把關每個月的 P&L，我不是專業受訓做 P&L 的人，但基本的常識就是：我需要知道一個月的開銷是多少，之後我要賺多少錢才能 cover 這個成本；目標是在半年之內，有一筆可以養活公司六個月的資金。我一開始好像只拿新幣一千兩百，在公司開滿三個月後穩定了，我再提高到新幣一千五百。印象中好像到第二年我的薪水都沒超過新幣兩千。

1 profit and loss，即營業損益。

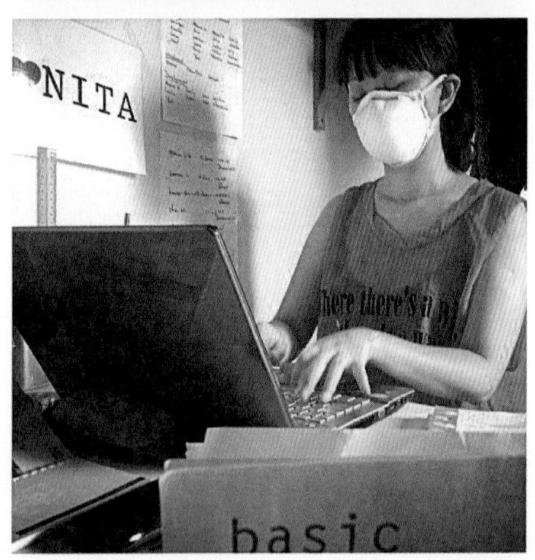

創業初期，爲了節省預算，我把辦公室設置在自己的家。房間做了些許變動，把開放式衣櫃當作分隔，房間前半部是辦公桌，衣櫃後面才是床。

07 史上最窮的模特經紀公司老闆

Basic 開跑之後，我每天的行程就是早上跟男朋友一起上班，在他公司附近找家有提供電源的 café 開工。我喝過最多咖啡的日子就是那幾個月，一個人、一架筆電和一個手機，就這樣經營公司。中午男朋友過來陪我吃飯，他回去上班後，我就繼續在 café 待到他放工一起回家。

開會什麼的在一般 café 當然可行，但我常常需要量身、拍 casting，畢竟還是需要一個地方。那陣子新加坡政府提倡年輕人創業，允許 HDB[1]可以正式辦公，就是所謂的 Small Office Home Office（SOHO），這個政策對我來說是一大方便。我從十歲來新加坡

---

1 原指新加坡建屋發展局（Housing and Development Board），也作新加坡政府組屋代稱。

後，就一個人住在我媽媽的房子。同屋的除了我舅舅，還有就是大部分時間不在家的房客，我自己則是住一間房。客廳反正也沒人用，我就乾脆把辦公室設置在自己家，房間做了些許變動，把開放式衣櫃當作分隔。房間前半部是辦公桌，衣櫃後面才是床，客廳稍微整理一下，那就成了 Basic 第一間的 office。

那時候我其實已經跟男朋友同居，我媽家在金文泰，我男友家在 Paya Lebar，每天就是兩個小時來回，早上十點多到金文泰，辦公到傍晚六七點回去我男友家。那段日子最快樂的莫過於我鄰居，Basic 當時幾乎全部模特都是學生，學生三四點放學直接到我家報到，要嘛拍 casting 要嘛做 training。我是住最角落的房子，門口一出去就是樓梯，那邊陽光充足，拍 casting 照最需要的就是自然光，我常在那個角落拍 casting。那時候已經在當母經紀了，母經紀常常需要發模特的

上圖：在組屋辦公室做模特培訓。
左圖：在組屋走廊做 testshoot。

bikini casting，我鄰居就常會看到我們家的男生女生半裸地在走廊走上走下。剛開始大家是有點尷尬，還好我們是最角落頭沒什麼人經過，後來來了很多次後大家都習慣了。

炎熱的新加坡最折騰的就是家裡沒冷氣的人，我在那個家住了十幾年沒裝過冷氣都不覺得怎麼樣。後來有一次下午，我跟男模約了在家做培訓，一開門看到小男生汗流浹背，我就感到非常地不好意思。這些小男生小女生們每次來我家，都沒投訴過一句，大部分都是跟著我從 Elite 出來，知道現階段公司可能眞的負擔不起一間正常的辦公室。而且我之前不是說過見過大部分學生模特的家長嗎？他們都來自很好的家庭背景，他們也沒覺得跟著一個很窮的老闆會怎麼樣（哈哈哈哈哈），家教實在好得不得了。我算了算，最後還是牙一咬就裝了冷氣。

二〇一三年初，我懷孕了，而公司越來越忙。

同年八月，我爸媽爲了我的婚禮飛回來新加坡，之後爲了房子的事情吵了一架。那個房子是我媽和我舅聯名的，三個房間，我一間，舅舅一間，房客兩夫妻一間。房客一般傍晚六點才回家，那個時候我差不多離開，回去我老公家住。舅舅很少有朋友上門，幾十年來客廳一向就是個通道，根本沒人使用。所以我才想說反正放著也是放著，我乾脆拿來辦公。我媽長期不在新加坡，這邊房客交的租金直接打到她妹妹那兒，也就是我阿姨和她的聯名戶口，家裡大部分的事情也是我阿姨出面處理。

在我裝了冷氣之後，有一天阿姨打來說，既然我現在把家裡當成辦公室，那是不是應該要付點房租。那已經不是她第一次提起這件事，好幾年前我剛畢業，才二十歲，就已經提過要我交房租。當時我還在還著學貸，月薪差不多新幣一千五百左右，扣了公積金，就差不多剩新幣一千。後來我打回去香港跟我媽「協商」，改成每個月看著能力給家用。反正不知道她們兩姐妹怎麼商量，得出一個我現在應該賺很多的結論，竟然開了一個月新幣一千的價作爲房租。我那時候懷孕差不多七個多月，先別說剛辦了婚禮花了一筆，生小孩很快又是一筆開銷，裝冷氣我當然是自費。本來 SOHO 就是爲了節省開銷，結果自己人竟然要跟我收房租。交水電我還能理解，收房租也行。唯一荒謬的是，房客兩夫妻一個月租金也才新幣七百五十，我作爲女兒卻要給新幣一千。

更何況房子是買的，已經供完了，這麼多年收的房租不少，而我媽和阿姨兩個都不缺錢花。創業時我沒跟家裡拿一分錢，從在 Poly 上學第一年就開始打工養自己，學費除了學貸，就是打三份兼職賺來的。我到今天爲止都不明白，當時這兩位太太腦子裡到底在打著什麼算盤。

在當下就是，心寒。

08｜找個正常的辦公地點，怎麼那麼難？

自從爲了租金吵完一架之後，雖然三方都假裝沒事，但我也不想繼續使用家裡的空間了。反正他們堅持要收新幣一千爲租金，那我何不乾脆以同等的價錢在外租一個正式的辦公室？我租房子的邏輯就是快狠準，先找到我要的那一棟大樓，直接到那棟大樓看有沒有位子出租。

之前不是有位阿拉伯的女模想投資嗎？當時她就提過一嘴 Ming Arcade，說能從富商爸爸那邊拗一間單位當 office。我看過 Ming Arcade 的地點，位置太好了，就是烏節路的最前端，離地鐵站差不多十五分鐘路程。剛好看到有單位，很快約見，很快談妥。租金也便宜，單位看起來是可以的，稍微粉刷、弄個地板就可以搬進去了。

房東先生很好商量，簽的是一年的約，但隨時能斷。我就想說，這個地點，這個價，這麼好？

那次帶給我的教訓就是，絕對要相信直覺。以落過無數坑，又從無數坑底爬出來的老手來說，我身體可能已經裝了入坑的探測器。

那棟大樓很舊，洗手間十年內不會維修。七樓是夜總會，不是酒吧，也不是club，就是有公主、有Ah Beng的那種夜總會。我們一棟大樓就兩架升降機，升降機門一開就是一股悶很久的煙味。我的單位隔壁是售賣pizza的，是Canadian Pizza或California Pizza其中一家。我記得看單位的時候還很天真地想說：「欸，那pizza應該很香啊，一整天聞著，如果餓了直接到隔壁跟他買就行。」吼，我真的是個白癡。

我們去看單位的時候，pizza店還沒營業，沒什麼味道。我後來才知道爲什麼是約那個時間去看——pizza店一營業，大樓的中央空調就會把廚房的油煙味洋蔥味帶到那一層的每一個角落。而且我是exactly隔壁單位，簡直是油煙味的搖滾區，我每天回家都是頂著一身洋蔥味。我試過安裝空氣過濾器，那陣子新加坡因受印尼森林大火影響導致煙霾，幾乎每人家裡都會有一架空氣過濾器。如果外面空氣污染指數高，過濾器就會亮起紅燈。我那一臺過濾器根本不用接觸外面的空氣，基本上隔壁pizza店從開工到打烊，它都是紅燈all the way。

但那個地點確實沒話說，位於烏節路上比較沒有那麼熱鬧的前端，附近都是商場，很好找。位置跟我之前那個遙遠的金文泰比起來，模特過來也很方便。那棟大樓也沒管理層，或者是有，我也從來沒見過，所以我們要幹嘛都無所謂。那時候我最常做的就是在公司門口和走廊拍 casting，委屈模特要到那個很臭和很髒的廁所更衣。而且我們常做 bikini 的 casting，還好隔壁 pizza 店的馬來叔叔們都蠻正經的，沒什麼奇奇怪怪的眼神。有時候看到我們在走廊拍 bikini walk，他們默默瞄一眼，就繼續聊天。

後來，同層的單位搬來了一家不知道是幹什麼的公司，門口總是聚集一堆 Ah Beng Ah Lian。看到有模特經過，他們會發出很幼稚的口哨聲，不然就是一堆人擋在走廊上小聲說大聲笑。還有幾次給

我撞到男生跑到女生廁所抽菸，或者是跑到女生廁所小便，搞到滿地都是尿，反正很噁心就對了。

我待了八個月，租金再便宜都不要了。我就是個行動派，只要起了個念頭，不立刻執行就全身不自在。我順著地鐵路線瞄準了 Tai Seng，就離我家兩個地鐵站，然後從離地鐵站不遠的大樓開始找單位。當時最熱門的大樓是 Oxley Bizhub，但我走了一輪，從地鐵走到那裡完全沒有遮蓋點，放學過來公司的模特應該會曬死。最後就定了我們租到現在的 Irving Place，bare unit，連冷氣都沒有，剛好順了我想要自己設計單位的意。

在那以前，我們所有的 training 都是租別人的 studio。除了租金貴，檔期要用搶的，還不一定有空。我的最大需求就是一定要有 training 的空間，沒有 training 的時候，還可以當攝影棚。攝影師們就可以直接來我公司拍 testshoot，一石二鳥。

09｜Open Casting

二〇一四年的一月，我們第一次在公開場所舉辦甄選，地點在 NLB（National Library，國家圖書館）。之前不是沒舉辦過甄選，但一般都是在攝影棚，來的人不多，每場差不多二、三十個，眞正合適的勉強只有一兩個。籌備公開甄選的時候，腦子裡想的是 EML（Elite Model Look）。EML 的確招來了很多條件很優的模特，但前提一定要是國際模特公司舉辦的才行。我看過新加坡各種類型的模特或選美比賽，素質都一般，絕對跟 Elite 的第一批模特沒得比。所以眞正要著手做這麼大型的公開甄選，對當時的公司來說是蠻冒險的。第一，怕沒人來。第二，怕簽不到人。以上兩點如果都發生了，花在公開甄選的一切費用就等於是血本無歸了。

場地方面，我勘察了蠻多地點，要找一個能容納最少五十個人，又有足夠空間給他們

上圖爲二〇一六年的公開甄選活動現場。上午九時半，場外的甄選者已排起長長的隊伍。

走 catwalk，還要有好的自然光來拍 casting，而且最重要的一點是，費用不能太貴！當時眞的只有國家圖書館。申請了地點之後，就是到現場反復演算 casting 的流程，確保當天不會卡。另外，人手方面則是直接拜託自己公司模特來幫忙，準備制服和表格什麼的。

第一次公開甄選當天，上午十點開始，我們八點到現場準備。在樓下的 café 買咖啡的時候，已經看到一些疑似要來參加甄選的女生，穿著白背心牛仔褲搭配高跟鞋的，又在這個時間點出現，應該就是了。九點的時候，已經陸陸續續有人走進會場，我派了一名模特幫手把人先請走，然後跟 NLB 借了伸縮間隔帶，把門暫時關起來。九點半的時候，外面開始排隊了。

我們第一場的公開甄選共見了百多名模特，簽了九名，其中包括 Aimee Cheng-Bradshaw 的兩個妹妹 Hannah 和 Ella，以及二〇一六年新加坡環球小姐季軍——Sonya Branson。

二〇一七年，我們辦了一場蠻大的甄選，還邀請了時尚教父 Daniel Boey 作爲客席評審。同樣十點開始，烈日當空，九點半的時候，排隊的人龍已經很長了。最後，當天像是超過三百人，是當時出席率最高的一場甄選。那時候對如何舉辦公開甄選已經很熟悉了，平時一些合作的攝影師還到現場幫忙拍攝 video，完全是自動自發沒領薪酬的。

但也是那一場甄選過後，我就決定自己開一間 studio，不再去租外場。外場不只是貴，而且設備還需另外付費，申請又麻煩。每一次要舉辦甄選的時候，都爲了場地而頭痛，比如在 National Library 很順利地辦了幾年後，突然有一年拒絕了我們的申請，圖書館給的原因是「活動性質跟 National Library 的理念不同」。（??）反正租外場總會有各種各樣的突發狀況，自己的場子還比較好控制。

除了場地之外，另一樣讓我眞的很下功夫的就是 open casting uniform。每一屆的 open casting uniform 都不一樣，我們模特之間有些把它當收藏品，私下會比較誰擁有最多件。最開始其實只是很簡單的一件 logo tee，模特幫手們有時候會自己再加工，有一年好像是有一位模特幫手把 tee 後面剪成鏤空再做交叉，好幾次都是甄選當日我們在做 briefing 的時候，才開始動刀，小女生們總有辦法把很簡單的一件 tee 弄得很酷。

近幾年我們的 open casting uniform 提高成本了，有一年我還和我妹從韓國蒐羅了版型很漂亮的一款衛衣當成當屆的制服，後來實在詢問度太高了，我們又另外準備了一批放上網賣給普羅大衆。

很多人其實不知道，模特幫手不是公司的任何人都能當的，我們的規定是剛畢業的兩班都不能參與。公開甄選來的人很多，包括模特家長們。很多幫手最常遇到的就是參加者

我對 open casting uniform 下足功夫，每一屆的制服都不一樣，模特之間甚至會把它當成收藏品，私下比較誰擁有最多款。

跟向他們諮詢問題，也有些很無聊的人，在公開甄選的時候會對模特幫手們評頭論足。我不覺得剛加入這一行的小朋友們會有那麼強大的心臟去應付這些。

再者，公開甄選後一般我們會開會。不只是經紀人，全部幫手都會參與。除了針對參加者的外形與資料照，我會徵求幫手們對於被篩選者的印象作出評論，比如說誰對幫手們不禮貌啦，誰排隊等太久不耐煩等，這些都會被納入考慮的範圍。剛加入公司的模特不一定對我們的工作風格熟悉，觀點跟我們的會不一致，這也是我避免把太嫩的模特拉進來當幫手的原因。

【甄選流程】

以前的甄選流程比較鬆散，我們 book 一間攝影棚，身高和三圍我量，然後再帶過去給 Alex 拍照。中間如果有資料照會看一下，但不會多聊。

後來做過幾場大型的甄選後，流程改成一條龍。參加者帶著填好的表格排隊，到了門口登記並且發一張號碼貼紙，然後去量身高、三圍和拍資料照。被叫到號碼的走到 casting space，也就是一個長方形的區塊。另一端是經紀人的 judging table，他們在那裡等候指示，結束後離場。

有一陣子來的人太多了，一條龍的速度太慢，我們把流程分爲上下場。上半場先量身高和三圍，通過要求的才去登記，獲取號碼貼紙，並且拍 casting snaps。下半場就只是做評估的部分。

疫情期間因爲需要 social distancing，流程搞得我好頭痛。一方面不能排隊，怕大家在同一個區域待太久，另一方面我們的人手也不夠去盯著排隊的人是否保持 social distancing，麻煩死了。最後的流程是，每個參加者必須先上網登記取票，票中會有分配好的 time slot，她們只能在這一個 time slot 出現。量身和做登記的在A房，順利通過指定身高和三圍的，才能前往B房做評估。

———— 公開甄選後一般我們會開會。不只是經紀人，全部幫手都會參與。除了針對參加者的外形與資料照，我會徵求幫手們對於被篩選者的印象作出評論。

小女生們總有辦法把很簡單的一件 tee 弄得很酷。

10｜Basic的專業模特培訓課程

我剛加入第一家公司的時候，據說他們是有開過 deportment course，六堂課，價錢好像是新幣兩、三百左右，內容我無從得知。在我跟他們打工期間，從來沒有看過眞的有人上那個 course。後來我開了 event division，吃了好幾次虧，丟過好幾次臉之後，我這個很愛做功課的人收集了當時全新加坡的 deportment course 課程表和學費作參考。不得不說那個年代，孫燕姿正紅著，很快又殺出了一個阿杜和一個林俊傑。當時新加坡的音樂學院全部獅子開大口什麼課都開，五位數的學費都有人甘願還，還爆滿。同樣都是表演類型的課程，模特班冷清得多。大部分開課的都是經紀公司或者是 freelance stylist，五百新幣左右，六至八堂課，主要教的都是臺步、化妝，還有怎麼坐、怎麼站、怎麼笑得像個綠茶……比較屬於美姿和美儀派的內容。

我當時開課的初衷純粹在於，希望培訓過後，我在幫這些女生接工作的時候能順利一點。她們如果對工作內容有比較多的認識，比較知道要幹嘛，我很多時候就不會那麼頭痛。

比如說，那時候很多的 event，都需要一種叫做作 mingler 的模特。基本上就是找幾個漂亮、有頭腦、會聊天的模特混在活動當中走來走去，看到落單的人過去跟他們聊聊天，讓氣氛不要那麼尷尬。我試過有一場活動，發了四、五位 mingler 過去，結果有女生從頭到尾都在玩手機，或者跟受邀嘉賓玩得太 high，失了儀態。還好模特當中，有一兩位比較資深的打了圓場。也有一些展場模特，以爲就是到現場笑一笑、拍拍照就好，沒考慮過穿著高跟鞋一整天有多不舒服。這種活動一般都是模特自帶高跟鞋，就有女模很傻地選擇穿一雙五寸高的尖頭高跟鞋，結果三個小時下來根本笑不出來。反正活動的出包狀態太多太多了。

我第一次開課的時候，好像就是四堂課。第一堂關於試鏡怎麼過關：穿什麼、化什麼樣的妝、如何中英自我介紹、如何獲得廠商的喜歡。第二堂課糾正站姿，單單糾正站姿的 wall stand，我參考過很多國家的。我一直覺得把書放在頭上是一件很傻的事情，就有些人的頭眞的比較尖，已經不是平衡不平衡的問題。第三和四堂課就是直接切入主題，在活動上其實會做些什麼、什麼應該做、什麼不應該做、如何帶出產品或廠商想要推的message、如何處理緊急狀況、如何保護自己不被揩油等等。我還找過那時候常合作的兩位模特開了一堂課，以他們的觀點去分享活動該注意的流程。

後來接到越來越多的show，我多加了三堂課，專教臺步。那時候花了半年的時間研究如何教臺步，從看一堆書到和看一堆YouTube，到跟來自不同國家的模特直接上課。每天十點開工，我八點到公司練。我本來不是一個愛穿高跟鞋的女生，我是走日系港系風的，就是靴子球鞋。那陣子我幾乎高跟鞋不離腳，在家也是直接穿著高跟鞋（就留了一雙只是在家裡穿的）走來走去，就是爲了習慣。我人生最瘦應該就是那一段日子，不是單純穿鞋而已，而是用力收腹挺胸走每一步路，那眞的很消耗卡路里，大家可以試試看。

到Elite的時候，那邊的資源大部分是fashion掛的，而且我就是抱著不想要再接events爲出發點去經營Elite。當然不能立馬切割但就是慢慢地把活動類的工作減少，所以培訓內容方面我也減少活動類的，加強了比較需要用到的珠寶表演和posing。

我記得還沒離開Elite的時候，當時是在一個shared office。那裡的走廊跟接待處都是共用的，會議室如果要使用需要另外加錢，還要提前申請。我就想說算了，會議室那麼窄，教catwalk走不到兩步就撞牆了。模特都是輪著來教，其實也不算教，比較算是一對一指導吧，就是她們走一遍我把問題指出來再重複。空間實在有限，根本沒法排開來示範。那時候 shared office 的鄰居們最期待的就是四點半後的時光。大家平時門都是關緊的，只有四點半之後（就學生模特放學過來找我培訓的時候），一個小時可以出來裝四次水。模特們會在門口旁邊的沙發等著在自己的 turn，我就在走廊的最尾端跟和一位模特一對一訓練，pose 也好，catwalk 也好，都在那兒。

走廊這個地方是延續我之前在 talent agency 的習慣，以前 talent agency studio 也是地方小，而且壯士老闆不是有限制我不能影響到 main job 嗎？所以只要當時攝影棚有拍照或別的工作，我和正在培訓的模特們就得立馬撤離，唯一能練習的空間就是走廊。夠長，重點是免費。大廈管理總不能投訴我們走上走下吧？（踐）

到了 Basic，最早期的的培訓只有六堂課，每堂課差不多一小時。兩堂 industry knowledge，四堂臺步，加一個測驗，結束。Industry knowledge 課就是分享 everything about the industry，除了基本的試鏡和工作須知，還有檢查他們的服裝、鞋子和化妝品等，確定一般模特必備的工具她們沒買錯。

後來開始接大量的網拍，網拍顧客有時候沒有那個 budget 請化妝師，模特必須帶妝到，我們家的模特年紀太小，很多都不會化妝，我就找了相熟的化妝師來教大家妝髮。模特接了一陣子工作後，開始爛臉，就是長痘痘，卸妝沒卸乾淨引起毛孔阻塞，於是我又再加碼找人來教如何正確卸妝、怎麼護膚和保養等等。

開始在本地的時尚圈引起注意後，我們接的工作越來越廣。公司開始接婚紗秀和珠寶秀，有幾場秀和試鏡我親自帶人下去，試鏡前把模特叫回來教他們基本的定點 pose，但很多女生年紀太小，根本不懂得 carry 珠寶，還有一些根本不知道珠寶秀是怎麼一回事，於是又加了幾堂臺步課，專教婚紗和珠寶。那時候公司剛簽了馬來西亞名模 Eleen Yong，她在新加坡走了好幾場的婚紗秀和珠寶秀，都大受好評。而且她也有在馬來西亞很紅的模特學院當臺步老師，我便邀請她作為臺步班的導師。

我覺得我們家的訓練跟別人家的最不一樣的是，因為負責設計培訓課程的和實際上在幫模特接工作的都是同一位（就是老娘我），所以很多時候市場需要什麼，或者模特缺少什麼，我都一清二楚，然後依據這些去調整培訓的課程。同時，模特的能力到哪兒，優、缺點是什麼，我在培訓過程中觀察到的，也會幫助我們日後更有效地去 market 一個模特。

比如說近五六年來社交媒體開始盛行，品牌開始尋找非明星來做線上推廣，我們開始注重幫模特設立自我品牌（personal branding）的概念。從二〇一七年開始加入社交媒體的課堂，很多模特開始受到公關公司的關注。我們從模特訓練生時期著手教育他們要怎樣經營自我品牌，公司再提供資源和平臺讓他們去發揮（比如說 YouTube 的 Kaci & Nicole Mukbang 和之前的 What's in my bag 系列）。這些模特 personal branding 成功，公司要幫他們接業配的工作也會比較容易 push。培訓和經紀這兩個部門環環相扣，培訓能孕育出優質的專業模特加入經紀公司行列，對我來說是最理想不過的 flow。

也因此在培訓期間，只要稍微表露出態度不佳、三觀不正，或學習態度消極的，我一概不留。我對訓練生嚴格，因爲過了訓練期會朝夕相對的時間會變得很少，我不會再有時間盯著他們，也不會再有人那麼隨時隨地跟他們點出問題所在，有可能跑一百個 casting，都不知道自己死在哪裡。

圖爲模特培訓課程，糾正模特的站姿和臺步。

MONTH
Jan
Mei
Feb
Sophie J
Sofya

年紀太輕的模特沒有美妝知識，工作上又必須經常帶妝到現場。我於是找了相熟的化妝師來教大家妝髮，以及正確的卸妝、護膚及保養知識。

11｜被打進黑名單的印尼

二〇一八年，我們第一次做 regional casting，我和幾個同事飛到馬來西亞、印尼、台灣和韓國舉辦公開甄選。馬來西亞的其實之前有辦過，同事 Elise 是馬來西亞人，身邊也蠻多馬來西亞的模特和攝影師朋友，場地和宣傳問題都不大。

比較棘手的是印尼，也不知道爲什麼，反正那一陣子蠻多這個國家的人會主動來詢問我們公司，甚至還有人打著 Basic 的招牌在雅加達招搖撞騙。我以前接觸過幾位印尼的女模，態度謙卑，英文不錯，溝通沒問題，肢體語言豐富。印尼的經紀公司當中很少有人在當母經紀，大家都專注於印尼的市場上，不太會往外發展。明明他們國內有很多藝術感和時尚敏感度很強的行內人，那應該是很憧憬國外才對，我是抱著這個想法進去的。

甄選前的一週，我聯絡了好幾家不錯的印尼經紀公司，邀請他們帶著他們家的模特來參加。我一開始也攤開來說，我們的母經紀合約將會摒除印尼的區域，模特在印尼的一切工作我們將不干涉，他們現有的經紀合約如果只是針對印尼市場，不會有影響，模特如果成功獲得我們的合約，其實是加分的。如果他們成功在海外闖出成績，帶著國外的作品回國，以後印尼經紀公司想提高價錢也好、炒作成超模也好，都方便。這絕對會是雙贏的合作。

我們到印尼的時候剛好遇上印尼時裝週，我們家的模特獲邀擔任時裝週的主持人，我和我妹 Divina（當時被拉來幫忙）比其他同事提早兩天到達。主辦方帶我們去時裝週後臺，在那邊我們遇到幾位不錯的女模，後來聽說在本地都是當紅的，有幾位提到隔天她們公司會參與我們的試鏡。

第二天其他的同事都抵達印尼，一下飛機迅速會合，然後直奔 Elise 約好的試鏡場地。我在國外跟印尼人溝通都是以英語交談，先入爲主以爲英文在印尼很好使，到了才發現那邊的主語言是印尼話。還好 Elise 會馬來語，跟印尼語蠻相似的，所以無論是搭計程車、試鏡、跟參加者的對談，都是 Elise 負責翻譯。

在去印尼之前，我們其實只在自家的社交媒體做了宣傳，本來就料到出席的人不會很多，加上印尼經紀公司帶來的人總共八十位左右，符合標準的少之又少。我後來上網查了一下，印尼普遍身高偏矮，女生都不過一五八，男生不過一六三，那年我們定的身高標準女生好像是一七〇，來的大部分的都不符合模特的基本身高標準。

當天到場的印尼經紀公司總共三間，我們篩選了一遍，把其中幾名模特留下來，然後立刻跟當地的經紀人進行合約洽談，很快就發現好幾個模特的英語理解能力實在不行。經紀人本身的英文還行，所以我們只能依賴經紀人跟她們模特翻譯合約內容。但在過程中我們也對著模特重申了很多次，就是她們被選中了，接下去要到新加坡進行培訓，培訓後如果通過考試才會正式出道，出道後就是要開始出國工作。歐洲第一站應該是米蘭，亞洲第一站應該是香港，很多情況都細談了，Elise 也在旁邊幫忙翻譯。

當時選上的印尼模特裡，有兩名在印尼已經是開始工作的女生，有一位是前一天我們在時裝週遇過的。經過現場評估，她的各方面的表現到達不了我們新加坡的標準。她在當地是專走秀的，很少接拍攝工作，資料照不豐富。而且印象中她本來不在篩選名單中，是她經紀人極力跟我們推薦說她很想出國闖，很有 heart，我們才進行洽談。

也就是爲什麼後來她在培訓期間頻頻哭著回家，表示對培訓不理解，還說根本沒想出國的時候，我們會那麼抓頭。

還記得當時培訓都是在公司的 studio 進行的，有天下課，我把幾名國外訓練生找來公司約談，大概就是針對她們最近的表現，還有之後的發展做個討論，單獨談著的時候我就問那位印尼名模，出道之後我們要安排 placement 了，妳要準備咯。然後她回答說：「我能不能去 placement 妳得去問公司，我做不了主。」公司不就是 Basic 嗎？她說不是，是印尼的公司，他們才能決定。

然後聊著聊著，我才發現她對自己簽下的合約根本不熟悉，她認知中就是來新加坡工作，也不知道爲啥要做培訓。反正培訓結束後，她印尼的公司說她必須得回去印尼，她還有工作呢。

什麼情況???

我立卽聯繫了她印尼的公司要求他們解釋，怎麼會跟我們當初談的不一樣，而且怎麼能不把合約解釋清楚就給模特簽。他們竟說，哦，對啊，這個女生今年在印尼的工作都排滿了，不能飛了。唯一的空檔只有三週的時間，如果能排得上什麼，儘管去排吧，不然他們要安排工作了。

我們每場培訓，除了培訓費用，機票住宿都是公司先行支付的。如果是表現不佳，被公司提早終止合約，我也就算了。像這種惡意欺騙的，怎麼能忍。我找了我們公司的律師徵求意見，結論是，跨國的訴訟很麻煩，而且不一定能求償成功。

自行想像我當時有多怒。

怒歸怒，但又爲難不了一個二十歲都不到的女生，最後還是放了她回去，沒追究了。

但印尼這個地方我還是留了一根刺在心裡。那場甄選其實到場的還有兩家公司，有一家公司我們現場聊得很愉快，他們家的模特很適合歐洲市場，跟模特和經紀公司坐下來談的時候，理念很一致，合約聊的時候也沒什麼異議。明明說好第二天就把簽好的合約發過來，結果之後像是人間蒸發，已讀不回，招呼都不打一聲。我 get 到的點就是，他們雖然一副渴望往外闖的樣子，但其實都不願意離開家。尤其是有些已經在當地有些許知名度的，去到歐洲是從零開始，能不能 hit 到自己國家的那個工作量沒人能保證，他們可能多多少少是因爲這個念頭而卻步的。

第一次做海外甄選，我和幾個同事飛到馬來西亞、印尼、台灣和韓國舉辦模特公開甄選活動。

12｜約好的一千人呢

過了那一屆後，我在同年的六月又辦了一場海外甄選。我是抱著要做就好好做兩場，才有數據去決定這到底是可行還是不可行。這次我們除了馬來西亞和印尼，還到了菲律賓馬尼拉和香港做甄選。

當時模特真人秀 *Asia's Next Top Model* 這個節目在東南亞非常受歡迎，每一屆我們家都有模特參加，或是有參賽者在節目拍攝結束後加入公司，所以東南亞各地開始有觀眾認識我們公司。第三季時，我們家的 Aimee Cheng-Bradshaw 拿了季軍。同時，她在節目期間跟其中一位菲律賓代表 Monika 成了好朋友，也因此獲得了不少菲律賓的觀眾們的喜愛。當公司在社交媒體公布要舉行海外甄選的時候，最多回應就是菲律賓，有了上次的經驗，這次我們在網上進行售票。所謂的售票其實是沒有收錢的，純粹是參加者上網登記，獲取一張門票，方便我們估算當天出席的人數。

線上登記一開放，三天內已經超過一千，於是負責海外甄選事宜的 Elise book 了一個很大的 studio，就是那種可以給你特效飛來飛去的那種大廠。當時負責飛進去的只有我和 Elise，我們還商量了很久關於當天的流程和人流怎麼控制等等。

我們在網站和 IG poster 提到的試鏡登記時間是十點正，就是跟我們一般的試鏡流程是一樣的，早上九點三十分抵達現場做完 set up，外頭就開始排隊了。有過之前印尼經紀公司的可怕經驗，這次我們沒有邀請經紀公司，只看沒有經紀公司代表的參加者。

早上十點開始試鏡，十點三十分已經看完了，我們只見了三十名參加者，沒個合適。外頭空了，沒人了。之前領取票的一千多個人，應該只是拿爽的，沒有來，也沒有通知，也沒有取消票。我搭了三個小時飛機，也不知道爲啥。

我們等到早上十一點三十分，眞的沒人來，然後我們兩個就想：算了，走吧，去吃飯。於是瀟灑離開。我們離開半個小時後，有位參加者就開始猛打電話來說，人到了但現場空了，問我們還會回去嗎？我說試鏡提前結束了，她就開始發難說我們不負責任，人都到了爲什麼不去見她啦。我說：「小姐，登記時間寫的是十點，妳遲到了兩個小時，我沒有義務非見妳不可。」後來，她跑到我們每一個社交平臺去留負評。

無語。

13 全軍覆沒的國外訓練生

香港的甄選活動相對順利多了，surprisingly 很多很不錯的人選，高的、有型的、漂亮的都有。我們從中挑選了三位完全沒有經驗的男生和女生，加上馬來西亞的四位。簽約兩週後，全部海外訓練生飛進新加坡，和新加坡甄選中入圍的十位訓練生開始培訓。

那一屆讓我和我團隊印象最深刻的是一位馬來男訓練生。他長得很像馬來人版的言承旭，長頭髮，整個很不羈的形象。當時在馬來西亞做甄選，我們從他排隊的時候就已經注意到他。他本人磁場很強，痞痞的，開口的時候卻很有禮貌。他說他在馬來西亞的模特圈浮浮沉沉很久，接的都是一些很小的 mall show，不然就是沒錢的拍攝，資料照也很爛。我就想說他的外形很適合歐洲，不把他接過來栽培太浪費了。而且他當時——注意，是當時——整個態度就很謙卑，應該不難管理。

這是我眼瞎的開始。

開始培訓之後，他情緒失控的次數多不勝數。Aimee 進來指導關於身材管理的課，他從頭開始將 Aimee 嗆到尾，又是故意問她很 detail 的問題，然後一臉嘲諷地看她回答。在上表演課，戴著墨鏡不拿下來，不然就是老師在教課的時候，轉去一旁不看。有一次表演課上完，我上前跟他說了兩嘴關於態度的問題，他開始爆哭說想家，覺得好累，開始抱著我，道歉說不會再犯了。

結果幾天後，一樣的事情又發生了。

只能說當時我真的就是年紀大了，一下婦人之仁，心軟了。留他到最後一刻是我做過最錯的事。

培訓到尾聲時，會有場畢業考，考試在公司 studio 舉行，由我當主考官。其中有個環節是時裝秀，時裝秀會在 studio 舉行，studio 和公司中間隔了一間單位（當時還不是我們的）。公司是女生的「更衣室」，女生們中場需要更衣的時候，必須從 studio 跑回去公司換衣服，男生在走廊的洗手間更衣，兩者會錯開。

正式考時裝秀前有兩場彩排，正是在彩排的時候出事了。我在 studio 準備的時候，同事 Yihru 過來說那個男生在女生更衣的時候，闖了進去。當其中一名女生發出驚訝的叫聲時，那個男生冷冷地說，我只是進來拿東西，誰想看妳了。明明已經交代過男生不能進入女生的更衣區，走廊的洗手間離公司的單位也有段距離，他東西也拿齊了，進去真的就是莫名其妙找事鬧。

我很嚴厲地跟他說，不考了，你現在就走。然後他一副無所謂的嘴臉回到公司，開始龜速收拾東西。同事們三番四次催他快點，他彷彿聽不見，故意拖延時間妨礙我們進行考試。離開後，他立刻發 IG 說公司待他不公和種族歧視。

同一屆的訓練生狀況也爆多，有一位香港的女生以優異的成績畢業出道。培訓結束後，本來就是讓她先回國把書念完。基於她還有半年時間會在香港，我們幫她在香港找了個代表公司，方便她在香港接工作，等她一畢業，我們本來打算立刻安排她去歐洲。我妹帶著她跑了好多間公司，她太新，資料照也不夠，好不容易終於找了一家簽約。在等待畢業的時候，有六個月的時間。期間她不斷地要求要在別的國家找代表，我安撫她說不急，我們現在找了代表簽了她也不能出國，倒不如先把書先念完。有空的時候把香港工作做好，等畢業了才專心到處飛，反正就差半年而已。結果她回國三個月後，我被通知說她已經在找別的經紀公司接洽。跟她攤牌的時候，她說我一直反對她的想法，又說身邊的人都勸她離開 Basic 會比較好，又說公司沒實力，捧不起她。

（妮妮媽媽打兔子中……）

反正那一屆的海外訓練生一個一個都有離奇的離開公司的理由。在培訓過程中，大家一聲不吭。後來其中一位，也是唯一一位還留著的男模說，他們在培訓期就已經私下講公司是非。我就覺得奇怪，每次進來上課的時候，氛圍都很怪，原來如此。

令我很納悶的是，所有的後續情況都是一開始講好的，包括培訓過程、對他們的事業規劃、公司背景和栽培過的成功例子都是有目共睹的。在談合約的時候，大家也很積極很有共識，怎麼到後來都變了味。

我後來也做了反省，爲什麼海外的訓練生培訓後都會流失。我想，大部分的原因就是他們培訓後就回國了，跟公司接觸得少，很難跟公司產生信任與感情。這時候如果身邊有別的聲音，便容易受到影響。經過那一屆後，我們就不再舉辦這麼大型的海外甄選了。

14 — 扭轉新加坡模特市場

二〇〇〇年至二〇一五年，新加坡大部分的專業模特都是外模。本地經紀公司對栽培新人不感興趣，新加坡全職的國模非常少，即使是 part time 國模，要得到經紀公司的青睞也很難。當時大部分的國模都是 freelancer，雜誌啊、大型 runway 啊，都不會輪到他們，比較多的工作是 event 和廣告。那些 IT show 和車展都是固定那幾位女生在做，她們在 ClubSNAP[1] 論壇粉絲群很大，換成現在可能就是一個流量網紅了。

我花了十年時間去重新包裝新加坡國模之於大眾的既定形象，以及重整工作條件和工作形態。在 Basic 的最初期，我們的模特不多，那時候我手上的資源大部分還是廣告和

---

1 新加坡的一個以攝影爲主題的網絡論壇。

event。深思熟慮下，我上網找了幾個條件不錯的 freelance 國模，我當時給的 offer 是一份 semi-exclusive 的 representation agreement[2]。基本上以 freelancer 的本質來說，就是完全的自由身，她想跟誰合作都行。但以新加坡這麼小的市場來說，很多時候經紀公司們的顧客都是重疊的，這時候如果有廠商對這位模特有興趣，只要去接觸全部代表這位模特的公司們，然後壓價，從中挑選開價最低的公司，就可以以最便宜的價錢 book 到這位模特。也就是說，那位模特將會以最低價獲得一份本來就屬於他的工作，這對廠商合理，但對模特很不利。道理其實很簡單，但很多 freelancer 有時候看不到這個點，她們只是覺得多一點公司去代表她們，將會帶來更多工作，收入也會比較有著落。

跟競爭對手合作

我跟本地一間比較小型的 talent agency Red Carpet Invite 約了見面，我和她們老闆 Hwee Lee 一見如故，她也是從別的經紀公司跳出來自己創業的。我們聊了一個下午的八卦，也分享了很多創業的掙扎，很快地達到共識，並同意一起合作。我們兩家一起約談幾位我們都覺得不錯的 freelancer，並 offer 一份非專屬合同[3]。裡頭最關鍵的條約是：這些 freelancer 必須答應只能跟我們兩家合作，不能有第三家的 representation。

Red Carpet Invite 雖然也有蠻多資源跟我的重疊了，但我當時的重點不是眞的要靠 freelancer 賺錢。而是我當時的模特學生居多，但 fashion 掛的拍攝都在上學時間進行，我手上能 present 的人不夠，我需要更多有資歷、book 夠強的人去鞏固時裝那邊的資源。

剛開始的時候我們的確合作得很愉快，並共享了幾位模特。但後來眞的太多資源重疊，而且我想發展的路線逐漸偏時尚掛，跟 RCI 想代表的模特類型不太吻合，這場合作便慢慢地 fade out。

專心一致把本地模特做起來

我其實一直都不大想僱用太多 freelancer，我想 focus 在我手上的模特，把他們的 profile 做起來。當時很多 mother agency 發了她們家的模特 profile 過來，也有很多行內的人會推薦一些不錯的 freelancer 過來，直接把他們簽下來去接 job 是最快和最輕鬆的賺錢方法，但我不想這麼做。

---

2 卽代理協議。

3 指模特可以同時授權多家經紀公司作爲代表。

我不是個模特迷，我是個時尚迷。剛入行的時候，我連十個模特的名字都唸不出來，只知道英國名模 Kate Moss 和 Naomi Campbell。雖然是誤打誤撞入行的，但既然進來了，我就想把事情做到最好。這麼多年下來，參考別的國家的經紀公司經營模式也好，或者是工作類型也好，看到的就是很多亞洲國家都把模特發展成一門專業，一道職業。它可以是進入演藝圈的跳板，或者幫助提高知名度以發展其他事業，但 point is，在北亞洲（中港台日韓），模特是被認可的一份職業。

在韓國，國模比外模還多，而且是主流，有知名度、有粉絲群。模特行業和培訓制度在他們國家是成熟的，普羅大衆瞭解並接受這份職業。對年輕人來說，全職模特是一份令人憧憬的職業。在這樣的氛圍下培養出來的模特，對於自己的發展方向是淸晰的，當然同行的競爭性相對的也大很多。但這已經是高層次的生存問題，而不是像新加坡一樣，國模被排斥，廠商一聽到是國模就變臉，連試鏡的機會都不給。

同樣都是亞洲，爲什麼新加坡做不起來呢？爲什麼新加坡公司都不栽培全職國模呢？

新加坡人不支持新加坡人

我找了很多資料，八〇年代新加坡是有模特這行業的，而且工作量蠻多的，雜誌封面啊，fashion show 啊，本地設計師的 lookbook 等，都是支持新加坡國模的。直到俄羅斯開放後，某間本來在做國模的經紀公司開始帶頭引進外模，從此之後就是外模的天下。我不是說這個做法有什麼錯，但這的確是導致國模消失於本地市場的轉捩點。我觀察到的是，新加坡人在很多方面都不支持新加坡出產的人事物，除非受到國外的認可，就是比如說誰誰誰本來在新加坡寂寂無名，一旦在台灣紅了，回來新加坡就是國寶級人物，或者是那家餐廳本來沒人光顧，一被報導上了日本的旅遊書，便立刻爆滿。

新加坡不支持國貨這事情，我眞的不理解。韓國、中國、日本和台灣，之所以模特行業做得起來，一大半原因就是他們支持「國貨」。比如說在日本，有些工作如果篩選到最後，廠商一定要兩個模特中選一個，一個日本模特和一個外國模特，絕對是日本模特獲得工作機會。甚至有些品牌只僱用日本模特，即使是混血，也一定要有一半的血統是日本人，這是他們愛國的表現。

但新加坡來說，在 Basic 剛開的那時候，很多廠商只要聽說是新加坡模特，條件再好都跳過，非常有偏見。那時候我手上的簽約模特大概是外國人一半，本地人一半，接工作接最順的都是外國人，不然就是混血兒。

那是很頭痛的狀態，因爲就是個雞和雞蛋的問題。我當時最大的問題就是旗下不夠全職模特。但是呢，我要說服別人當全職模特，我得先保障工作量，然而市場不支持本地模特，那就不會有固定的工作量。如果不搞全職模特，只以學生模特，或兼職模特撐場，很多工作其實很難喬，比如說雜誌啊，廣告啊。一般拍攝都是在正常工作天和正常工作時間內進行，學生要上課，不一定可以請假，如果總是無法提供模特，我這些資源遲早也會流失掉。

這個限制必須盡快解除，不然 Basic 無法生存。

Basic 的出發點就是要成爲一間能代表新加坡模特的母經紀公司，我需要 rebrand 新加坡國模，但在 rebrand 的同時亦要確保公司生意穩定，能夠支撐我去實現這個計畫。

所以我的第一步，就是吸收人才。

傳遞正確的模特職業訊息

雖然已經跟 Elite 談好把他們旗下的模特帶過來 Basic，但中間的代理權轉移太過複雜，最後還是得一位一位模特家長去面談合約。談 Basic 的合約和談 Elite 的合約最不同的地方就是，Basic 在簽每一位模特的時候，都是以邁向全職模特爲前提。一開始就對學生模特講明學習第一，modeling 一定要排第二，盡量別參與太多課外活動，也表明了希望他們一畢業可以拿一年 gap year[4] 轉全職模特。

我覺得就是因爲我做好所有該做的功課，把最好的打算和最糟糕的打算都預設好了，加上本身很堅信這個 plan 會 work，所以在我接觸不同模特和他們的家長的時候，才能給予很明確的計畫表以及對每一個模特的安排。新加坡是個生活節奏快，小孩上學壓力頗大的國家。生活方式雖然受西方國家的影響，但骨子裡還是保留傳統華人的想法，覺得小孩子就是好好讀書，上大學拿個文憑，找份安安穩穩的工作，這樣才是最理想的。普羅大衆認爲模特這份工作頂多就是門興趣，不能當飯吃。每次去談簽約時，家長們和監護人都是帶刺的，有好幾次她們都是抱著「休想從我這裡騙到一分錢」的防備態度，令人十分不舒服。有時候想說，算了，不簽了。然後換位思考，我自己也是媽媽，父母不就是擔心孩子們的安全和未來嗎?他們帶刺是因爲對模特這行業不熟悉，對公司也不熟悉，防著點也情有可原。

有了同理心，其實也消化了很多自己的負面情緒，接下來就是耐心地去跟家長溝通。我們公司很多家長都是高學歷和高職位的，有條理地跟他們分享公司理念、培訓狀態和我會如何著手管理他們孩子的工作和行程，他們是聽得進去的。我從來不用畫大餅的方法去

4 即空檔年。青少年在繼續升學或大專院校畢業以前，空出一年的時間到社會遊歷、充實自我，以尋找人生目標。

誘哄別人加入，我都是從一開始就把所知所能擺在桌面，把決定權交給對方。

以社交媒體打開知名度

第二步，就是打響公司的知名度。

我老公是做 digital marketing 的，我們倆剛開始的時候常為了 IG post 到底要不要 tag model 而爭執。當時模特經紀公司都不願意 tag model，因為行規是不允許模特和廠商私下聯繫的。如果廠商想找模特，必須得通過經紀公司這座火牆，而社交媒體正正打破了這面牆。老公當時的思路比較簡單，就是一個 post 如果 tag 別人，觸及率和讚數會提升。我後來想想，遲早社交媒體會成為王道，即使我們不 tag，別人也會 tag，那乾脆我們自己先來好了。只要我們教育好自己的模特，由模特去做把關，他們要跟廠商私聊也可以。什麼該說、什麼不該說，什麼事情應該彈回來給公司處理，只要公司先與模特溝通好，應該可行的。

那是個 IG 開始興起的年代，我們是新加坡第一家會在 IG post 裡直接 tag model 的公司，加上老公十分熱衷於跟蹤新的社交媒體，我們家的學生模特也常會跟我們分享現在同學圈裡流行什麼，所以那陣子我們社交媒體的成長十分迅速，順勢帶起了我們在十五至十八歲的年輕人中的知名度。很多人看到自己的同學發 IG po 工作照覺得新奇，順著同學的tag來到Basic的Instagram。因爲同學在當模特，在學校引起了話題而報名參加我們的open casting的多不勝數。社交媒體成了我們最佳的宣傳管道。

另外，透過tagged photos，模特不再是一個沒有名字的漂亮臉蛋，大家會點進去看看模特的日常，或穿搭。有些可能本來接不到什麼工作的模特，因爲IG很有觀衆緣而開始獲得廠商的青睞，有的公關公司開始來敲業配了。我那個年代在這之前根本沒有handle過業配，不懂怎麼開價，不知道要注意什麼，上網查也沒人分享這方面的東西（這個idea在那時候太新了）。我心想，反正公關公司也正開始從傳統公關轉型過來，哪有誰錯誰對，所以我就照著很簡單的公式來開價——我想接的，對模特形象好的，就給個好價；品牌不太熟或者比較普通的產品，開天價；會對形象扣分的，或跟模特理念不一致（比如說有些模特不接傷害動物的產品，或者減肥藥減肥茶那種），錢給再高都不接。

把人往國外送

因爲十分瞭解新加坡人不支持新加坡人這個道理，我做最大（和最貴）的一步，就是花錢不停把人往外輸送。本地不給工作是吧？嫌國模不夠國際化是吧？那我把國模送出國兜一圈回來當外模引入，總行了吧？

送出國是什麼概念？我的本意是，本地廠商總喜歡拿外模的 book 比較，說她在米蘭拍過什麼，在韓國拍過什麼。有時候根本不是什麼了不起的作品，就因為是「國外的」，好像就比較香。我剛開始要安排去 placement 的事宜的時候，模特根本不想去。新加坡國模出國工作的人太少了，根本沒什麼可參考，模特之間有時候想找個不是公司的人問一下，都不知道從何問起，然後我還得應付家長們哪。Oh my god，家長們才是一大頭痛。

模特簽我們家的時候，一開始就知道我是朝著國外發展的。離他們畢業還有一年時，我不停地在做思想工作，跟他們聊，跟他們家長聊，主要就是聊 gap year。我自己很相信的一個 point 就是，要在還沒眞正接觸到社會的十七、八歲去決定未來方向太冒險了。很多年輕人都是因爲不知道將來要幹嘛而一直讀書，不知道讀什麼就隨便亂選一科來讀。先不說有沒有興趣，根本連自己在學什麼都不知道，只是用那三、四年去混一張文憑。這很浪費時間，也很浪費學費。與其去選修一個這輩子都不知道會不會用到的大學主科，何不先出來一年，累積一下經驗、體驗一下社會？模特這行業接觸到的人事物那麼多，卽使以後不想當全職模特，花一年時間來體驗社會也不虧。

新加坡雖然說已經很西方化，但有些想法還是傳統華人派的。很多家長根本不 buy 我這一點，他們覺得卽使是一張這輩子都不會用的 degree，那也是張 degree，好過沒有。當年新加坡也不流行 gap year 這個做法，模特這行業也沒個成功例子供他們做參考，大環境還是偏向於穩妥妥地念書畢業找個鐵飯碗過一生。有些家長說，要試試看全職一年可以啊，等小孩大學畢業吧。

大學畢業都二十五歲了，爸爸媽媽們。

反正當時就是不停地遊說，在模特還在上學的那幾年，以實力說話。公司怎麼幫他們篩選工作的，怎麼保障模特的安全和利益的，錢準不準時給，就是一步一步以這些來證明公司是認真要做出一番事業的。

有些家長很不放心，想陪著去，我就得做中間人去說服當地的經紀公司看能不能給個適應期。有些家長擔心經濟來源，覺得要把孩子們送去歐美是很花錢的行為，遲遲不肯點頭。當地的經紀公司也不會貿貿然在新人身上投資太多，為了促成這個 placement，我就讓公司來出這筆錢，先幫模特支付機票住宿等，之後等他們回國有賺錢再從他們的收入扣除。

這個動作是很大一筆投資，尤其當時我手上都是新人，很多的 portfolio 不夠強，但如果不把他們往外輸送，讓他們這輩子都只在新加坡打滾，能走的路真的不長。這是一筆必須得花的錢，邁向國際之路，每一步都是錢哪。

事實證明這個策略很可行。最前期先跑出線的當然就是 Fiona Fussi 福斯智欣，在上海拍攝的 L'Oreal 代言人 campaign 立刻上了新聞頭版。還有之後的 Chanel、Clarins、Lancôme、*Grazia* 都奠定了她成爲新加坡新一代 top model。還有同樣成爲 Chanel 國際美妝視頻的 Aimee Cheng-Bradshaw，Dolce & Gabbana 的 Kaci Beh 和 Nicole Liew，都是出國兜一圈回來身價立刻飆升的本地模特。

不得不提 Layla Ong，一名道道地地的新加坡鄰家女孩，成功代表新加坡站上國際舞臺。她爲 Gucci 走米蘭時裝週，而且是一走走了六季，這眞的是幫國模爭氣，也讓本地媒體開始關注國模，大大改變了普羅大衆對於國模的看法，漸漸地本地的雜誌和品牌也開始採用國模。

尤其二〇二〇年新加坡封城時，外模無法入境的情況之下，很多廠商只能從國內尋找模特。這提升了國模工作的機會和曝光率，當然也證明了給本地的廠商看，國模眞的不比外模差。

我是在寫這本書的時候才發現到，這一路走來多麼漫長。從入行的時候，新加坡完全對模特這行業規限於外模，到現在，全職模特已經是本地令人崇仰的職業。

在踏出每一步時，很多過關斬將顯得那麼地理所當然。有時候都忘了，當年在簽約的時候一再跟家長解釋我們 Basic 眞的不是騙子。是蠻好笑的。

15｜Testshoots——不賺錢，費時又費力，但必須要做的事

我從在 Elite 直到 Basic，從來沒有停止安排 testshoot 這件事，公司大部分的工作都有別的同事分擔。唯獨 testshoot 和 placement，我都是自己著手的，新人階段也好，名模階段也好。透過 testshoot，我可以清楚抓到大家的優缺點，而且最重要的是，照片的好壞將奠定模特接下去的發展。

有時候就是因爲 portfolio 都是 eComm 類的照片，雜誌社無法想像這名模特做了時尚造型是什麼樣子，又不敢嘗試，直接 pass 掉。這時候我就會安排一些時尚感比較強，或者時裝主題比較突出的 testshoot。

拍完了之後，我一般會私下跟攝影師詢問意見，就是模特好不好指導啦，有什麼地方需要加強啦。整理幾次的拍攝意見後，先跟模特開會討論，再安排下一個 test。資深一點

就不需要這個過程，她們拍完自動自發都會來分享拍攝過程，還有一些幕後花絮等。已經很懂我的節奏了。

以前新加坡有個專爲攝影愛好者開的論壇，論壇上除了分享作品（和一堆抱怨），也有攝影師定期舉辦一些 workshop。Workshop 會有個主題，比如說時尚、中國風和校園風。當中也有一些主題很含糊的，比如 lifestyle fashion（結果拍出來的效果就是萌妹抱樹），或者是摩托車辣妹（一個穿紅色皮衣，長得很像幫傭的姐姐站在 Ducati 前搔首弄姿）。現場會有一名模特，一般是帶妝到場以及自備服裝，之後大概五至八名攝影愛好者一起拍。當然這些 workshop 也有一些不太正經的，那些我就不分享了。

在 Elite 的時候，旗下的模特照片都不太夠，資料照裡的都是日常照。當時最重要的是趕快幫他們拍新的照片，不然模卡不好看。大咖的攝影師不會免費幫新人拍，我那時候時尚掛的 network 小得可憐，手上擁有的資源都是廣告類和活動類的，我總不可能叫每個女生拿著洗衣粉比耶吧？

我翻了遍論壇，列出了一份比較 okay 的攝影師名單，再跟他們約見。約見之前我都會準備好幾組我心目中想要的成品給攝影師做參考，也就是統稱的 mood board。在開會的時候也會給他們看我們旗下有哪些能合作的臉孔，然後一起達到一個共識，什麼樣的照片對雙方都有幫助。約見的時候，我當然也依據這些攝影師的可靠度過濾了一遍，只要感覺不太正經、油嘴滑舌的，我之後都會找個理由推掉。不然我家那麼多小妹妹小弟弟，太不安全了。

Elite 時期大部分的 testshoot 我會在場，尤其是跟新的攝影師合作的時候。如果攝影師是 one man show，我會到場幫忙打理妝髮和造型，順便觀察。我記得 Elite 初期，幾乎每一個週末都在拍 testshoot，最常到的點就是 Haji Lane、Arab Street、Marina Bay Sands，那幾個地點，我打卡打到吐。

旗下的模特開始提升知名度後，來主動要求 testshoot 的攝影師越來越多，我的做法通常都是先看攝影師的作品集，再要求看 mood board。如果不是對模特有利的 mood board，但攝影師作品集很出彩，我會要求在拍攝他想要的東西之前，先拍我想要的。通常太藝術的照片對模特的幫助不大，太玩影子、太多道具，或者妝容誇張到認不出模特原貌的那種照片，一般我會要求先幫我拍一套淡妝照。淡妝照對模特來說最好用，哪個市場都好用，模卡大頭照有著落。如果都談不攏，那就謝謝再聯絡。

很多跟公司模特合作過 testshoot 的攝影師、化妝師和造型師最後都成爲顧客。這麼多年來，幫忙我打造模特的人眞的很多，在這裡眞的謝謝謝謝謝謝大家，講不完的謝謝啊。有一些純粹是很熱心想幫忙的，每一次我們家出新人，只要一個 WhatsApp 信息，都會盡量找時間幫他們拍照，而且也很懂我要的是什麼風格的照片。有一些眞的就是看著我們家的女孩兒和男孩兒們長大的，從她（他）們最青澀無比的新模時期，到每個攝影師都可以安心僱用的專業程度。工作結束後，他們就會發個報告給我，說，誰誰誰眞的長大了，今天表現得很好什麼的。

每一位模特在事業的不同階段都需要進行 testshoot，包括我們家最頂尖的模特也是。尤其是到了一個新市場，當地的顧客對你還不熟悉，或者是一些很知名的攝影師對你感到有興趣的時候，便會要求進行 test。或者是換新髮型或新髮色的時候，你的外貌跟你的 book 的照片已經不一樣了，這時候就需要 test 去改一下模卡和 portfolio。

Testshoot 不是單純拍照而已，它其實也是試驗自己表演能力的一個方法，有很多平時沒辦法拍到的 style，就可以在 testshoot 的時候嘗試，從中看看能不能開創自己不一樣的方向。很多的新人就是在 testshoot 的時候表現不錯，或者是積極的態度很被看好，現場的團隊幫忙推薦給適合的廠商，之後接下工作的。

希望當模特的大家，對每一次的 test，都要抱著認眞的態度和感恩的心情去進行哈。

16｜Scam——給你們點空間，你們就起飛了是不是？

我只能說，謝謝這些 scammer 那麼看得起 Basic。

公司開了十年，scammer 無奇不有，無所不在。

新加坡以前定期會舉辦一個氣氛很高昂和反應很熱烈的大型活動，是由 Samsung 贊助的 Fashion Steps Out at Orchard 時裝秀。這是一年一度的時尚盛事，幾乎全新加坡的模特和經紀公司都會參與，表演的模特高達過百位。時裝秀在烏節路的路中央舉行，從下午五點半開始封路，最繁忙的那一段都封了（就是 TANGS 到 The Heeren），可想而知有多盛大。Basic 開的第一年很榮幸地參與了，發了十幾個模特前去。有一天彩排結束後，有個模特發簡訊來問，我們是不是跟本地的一家叫 Shine 的公司合作。她在烏節路遇到 Shine 所謂的「星探」，「星探」說他們跟 Basic 最近在合作發掘新人，如果她有興趣的話，可以留下聯絡方式。Shine 我聽過，就是一家蠻資深、跟我在舊東家差不多 level 的公司，模特接的都是展場活動和廣告居多，但我沒聽過他們那麼不要臉，自己來編故事招人。

我當時人就在附近，這麼精彩的事情可遇不可求，立馬趕回去烏節路，想跟那個 Shine 的「星探」來個美麗的邂逅。沒想到我前腳剛到，另一位模特就說在 Bishan 遇到同一件事。不知道是同一位「星探」，還是 Shine 那天分散了一堆人出去散播這個消息。

這樣的事持續了好一陣子。有一度我想踩上門去大罵，但那時候已經懷孕五個月，誰知道上門會發生什麼事。於是身爲文明人的我，報了警，立了案。

那只是第一單。

二〇一四年某月我妹發了一個 Facebook page 給我，裡面打著另外一個公司名稱，但發的內容都是 Basic 的模特照。裡面甚至有我的 profile pic 以及我們培訓過程的幕後花絮，說得一副眞的是他們本人在操作一樣。他們把我的私人帳號拉黑了，我必須登入我妹的帳號才能瀏覽，也就是說他們從一開始就防著我。他們還設立了網站，裡面除了模特的照片和資料是眞實的之外，其他都是假的。

二〇一六年，Elise 跑了一趟印尼，本來是普通旅行，我想說既然都去了，乾脆幫我看看幾個人吧（就是 casting 的意思）。於是我們安排了和一間當地的模特學院進行一次閉門的試鏡。那家學院在自家的社交媒體大做宣傳，從那次後，就開始有些詐騙分子在印尼開始打著我們的招牌招搖撞騙，騙錢的騙裸照的都有。很多被騙的都是年輕、想當模特的妹妹們，早不說晚不說，發了裸照和交了錢才怯怯地丟個 DM 問說：「那個誰誰誰（騙子的名字）是不是真的是你們公司的代表？」我只能叫她立刻去報警。

近幾年騙裸照的雖然少了，詐騙目標竟從女生改成男生。有不法分子在交友網站上發了一位性感女生的照片（不是我們家的）並假冒是 Basic 的經紀人，要求男生付款才能見面。他還說付下的訂金只是爲了確保男方不會臨時放飛機，浪費女模的時間（如此謹慎，是不是有模有樣?）），答應說以那筆訂金支付酒店的費用（酒店拿來幹嘛的呢?自行想像）。大部分男生都是支付了訂金之後，才起疑心（爲什麼不是付之前呢，why?），跟之前受騙的女生一樣，過了一陣子，才想起要跟我們確認那個人的身分。

再三強調，任何一間正經的模特經紀公司是絕對不會要求發送裸照的，也請大家絕對不要發送裸照給我們。

然後就是，別人家我不知道，至少我家做的都是乾淨生意，不賣女兒，兒子也不賣，謝謝。

17｜疫情下生存

疫情在中國爆的時候是二〇一九年十二月尾，隔年二月的時候歐洲還沒開始燒起來，但令人擔憂的是很多歐洲國家因爲 Asian hate 而開始針對華人使用暴力，當時我們家的幾個華人模特在國外都很害怕。時裝週差不多結束的時候，亞洲各地疫情已經大爆發了，蔓延到歐洲只是時間問題。我跟一票在國外做 fashion week 的模特開了個視訊會議，立馬決定縮短他們這次的工作旅行。幫他們改了機票，發了個 email 通知合作的歐洲 agency 說我們模特必須迅速回家。當時只有少數的歐洲合作夥伴諒解，其餘的態度都是：「你們太大驚小怪了」、「everything's under control」。我當時是蠻心急的，Sars 當年在亞洲的影響太可怕了。於是完全沒有讓人商量的餘地，就把人全部打包回家了。

事實證明還好回來得快，先不說那邊的 Asian hate 後來有多嚴重。歐洲的疫情迅速蔓延，當時還沒有 Covid Insurance，如果真的有一個不小心中了病，根本不知道要怎麼幫忙。

三月中馬來西亞宣布封城，我們一得到消息，立馬跟位於馬來西亞的三位模特連線，很迅速地安排三人進入新加坡，反正先進新加坡再說。

然後新加坡就封城了。

新加坡從二〇二〇四月開始 lock down。準確來說，那叫做 Circuit Breaker，大家非必要不得外出，全部商店等都得關門，小孩不能上學，大人只能在家上班。我記得當時的新加坡好像死城，安靜到會耳鳴。馬路上一輛車子都沒有，一個人都沒有，很可怕。

我經歷過 Sars，那時候我還在 Poly Year 2 還是 Year 3。籃球比賽進行到最後一段，突然傳來廣播要求立刻終止比賽，並且要求在場所有人迅速離開學校。疫情對我來說就是一段 memory，沒想過有生之年又會來一波。

全部工作都被迫停擺之後，我們先發了一個內部通告，通知模特全部工作暫停，叮囑大家防疫在家不要亂跑。模特問我接下來有什麼計畫，我說，等。然後就是一連串漫長的等待。等疫情過去，等好消息到來，等政府派錢。哦對，說到派錢，真的萬分感恩我是在新加坡開公司，新加坡政府十分給力（也十分富有），疫情一開始爆發的時候，對 Basic 這樣子的中小企業打擊很大，尤其是疫情來得毫無先兆。二〇一九年做得超好的我們，二〇二〇年一連串的新計畫都被腰斬。比如說我本來拿下了多一個單位準備要開 studio，一月剛裝修，突然封城我連 launch 都來不及做，但租金還得每個月交。政府的資金起碼幫我們減輕了很大的租金負擔。

那一陣子每天早上起來，拿起手機就是先 google Covid Singapore、Covid Hong Kong、Covid Italy、Covid 哪哪哪……看看還有什麼市場沒有淪陷，什麼市場還能送模特過去工作。我相信所有中小型企業的老闆們都跟我一樣，在這波疫情之間感受到深深的無力感。我以前的生活節奏每天都是繞著工作打轉，那陣子想轉都沒地方轉，每天就是顧小孩、看新聞、想努力想用功做點什麼。但全世界都是靜止的，眞的是無從發力。

消沉了幾天後，我開始想出路。這樣下去不行，公司得生存，我有好多人要養。

四月份政府下通知，除了公司老闆，員工不得回公司辦公。我一週差不多跟 Alex 輪著回公司幾天，簡單地打掃，然後開電腦找思緒。公司團隊每週開一次會，大家都在想辦法，每天都在討論別人家的藝人在幹嘛，或是顧客最近有沒有新的要求，或是最近年輕人圈有沒有什麼新的 idea 值得參考。那時候很多模特和藝人在家很得空，開始玩 TikTok，其中我們家一位模特 Kaci Beh 的幾個 posing 教學的 TikTok 很快地就衝破百萬 views。藝人部的茜茜也開始勤於做 IG 直播，一週幾乎每天都跟不同的藝人朋友們約好上

IG 聊天。這兩位在那陣子突然得到蠻多的 attention，品牌開始來接洽合作的案子。

我當然立刻抓住這個機會，整理了公司幾位社交媒體活躍並且有趣的男生女生資料，主動聯繫幾家相熟的公關公司，提出一系列能讓模特和藝人在家執行的方案。公關公司那陣子也急著找辦法維持生計，於是乎我們一拍卽合，接下了許多案子，他們 hit 到 KPI，我們也得到工作。

接下來就是想辦法穩住我們最大的經濟來源——電商。新加坡幾乎全部的電商都是僱用我們家的，疫情期間大家沒事就會上網購物，電商的生意還是維持得住，問題在於新貨沒辦法進行拍攝。

我當時推出的其中一個方案就是 home shooting package。這在中國是個很 common 的做法，也就是電商把服裝打包好送去模特家，模特自行拍攝。這是我們當下能讓模特繼續維持生計的其中一個辦法，但因爲這做法太新了，很多方面沒有考慮到。比如說，模特平時進行拍攝，就只需要負責當模特這一塊，其他不關他的事。但 home shooting，模特要自己 set 手機架抓角度，自己弄妝髮，衣服送到要自己燙好，拍完了還要一件件打包，眞的很累。有些模特接了一次之後就拒接了，實在太累了。

後來政府放寬了對電商的 social distancing measures，可能也瞭解太多人在 online

shopping，電商是當下維持國家經濟的一個好來源。很快地，電商就恢復了拍攝，雖然依然很多的限制，比如說不能拍外景，不能兩人入鏡和接觸，而且拍攝地點只能在電商公司內部進行等。但起碼能開工，那已經是一大福音了。

幸好，新加坡的封城並沒有持續很久，二〇二〇年六月解封後，雖然不至於全面開工，但起碼工作量也恢復個四十巴仙至五十巴仙。當時新加坡禁止旅客入境，對我們是有利無害。新加坡其他的經紀公司都是以外模爲主，只有我們是以國模爲主。當時他們的外模統統無法入境，而我家全部的模特，包括一向跑國際線的女孩兒們統統回來了，那陣子幾乎所有需要用到模特的工作都只能找我們。在我的競爭對手們掙扎求存的時候，我們忙得不可開交，相信很多業內人士都沒有預料過會有非國模不可的一天。

18—鋼之煉金術師的法則

我是挑客的。

老闆挑客，也給了我的團隊底氣去挑。

什麼客的活不接？

需要拍裸照的，不接。

感覺不正當的，不接。

來路不明的，不接。

有黑歷史拖數的，先給錢，不然不接。

說得出「你不接自然有別的公司會接」的，不接。

說得出「別人公司都能配合我這個那個 blah blah blah」的，不接。

曾對模特、對團隊不尊重的，不接。

我不是現在才這樣，我剛開 Basic 的時候就這樣。那時候公司很新，開銷不大，但我的計畫是半年之內要賺到公司半年開銷的錢作爲 float（就是確保公司六個月之內不用怕倒閉的一筆錢），我給自己的壓力不小。那時候有很多很熱心的行內朋友逢人就推薦我們公司，有時候沒問清楚對方要的是不是模特，也都是先推薦了再說。老實說我是眞的非常非常非常感激，我會記得十幾年的那種感激，我何德何能能得到那麼多人的幫助？有一些甚至只是點頭之交或者只合作過一兩次。但感激歸感激，該做自己的部分我還是蠻任性的。有好幾次推薦進來的工作眞的不合適，我推掉了之後，朋友們發了簡訊來關心，說現在公司剛起步，別挑，有什麼吃什麼。我說，很謝謝，但不行。

我在以往的公司裡，身爲一個打工仔，收君之祿，擔君之憂，我的原則只能建立在不冒犯老闆的原則上。老闆們的唯一原則就是如何用最少的錢，賺最多的錢，其他都是屁話。所以他們才很討厭我跟他們說什麼理想，什麼五年計畫，什麼改革，什麼培訓人才。這在他們的法則裡，完全反了。

但 Basic 是我自己的公司，我有權做主，我要做的是長久生意。長久生意要做得起來最重要的不是短期的收入，而是招牌。我的招牌就是靠我的人撐起來的，我做的每一個選擇都決定她們以後成爲什麼等級的模特。我要是爲了錢接了什麼 low class 的工作，之後要轉型就難了。

而且，經驗證明，我以上列出的那種顧客，通常都不是什麼了不起的顧客。很多顧客會覺得，我今天花錢請模特回來，自然我是老大。這是華人的甲方乙方思想，這是西方的「customer is always right」的思想。

在我這邊，我不 buy 這個。

顧客和模特，他們的關係對我來說是對等，顧客想買模特的時間與表演，模特給出一個他覺得合理的價，這是一場等價交易，沒有誰在誰之上。

我從來就不覺得，給錢的就得叫一聲爸爸。

19｜有時候錯過就是錯過了

我經歷過捧起來了一位很棒的模特，在她該堅持下去就會平步青雲的時候給她留了條後路，結果她後路一走走到黑，回不來了。

有時候蘇州過後無艇搭，是真的。但往往在高處的模特，或者身在當局的模特，看不到這一點。有些本來唾手可得的資源，你如果不努力經營就會失去了，而面對這樣子的情況公司也是無能爲力的。

我們公司的態度一向是以模特的選擇爲優先，從來不走「公司最大，叫你去哪兒就去哪兒」那一套。卽使是學生模特，我們在安排工作的時候，也是把選擇權交給他們的，要不要接，能不能接，由他們自己決定。我們經紀人的工作就是給予專業的意見，這份工作爲什麼要接，對事業有什麼好處，我們判斷好了會把 pros and cons 列出來，最後的決定一向都是由模特做主。我當不了很強勢的經紀人，所以如果我眞的開口說「這個工作你必須得拿下」，跟我共事過一段時間的模特都知道，那這個工作一定非常重要。

我家的模特都是年紀很輕就開始出道或培訓，比如說 Aimee Cheng-Bradshaw 十三歲出道，Fiona Fussi 十四歲出道，Kaci Beh 再遲也是十八歲加入公司的。我常常會忘了她們其實還很小。因爲大部分時間她們都是以大人姿態幹著大人的事，團隊都是大人，在工作的環境裡，不會有人把她們當小孩。但在她們偶爾耍性子的時候，我才會記起來，都是小妹妹啊。小妹妹在這個年齡當然想出去玩，當然想去泡吧喝酒，認識男生，誰想沒事早回家睡覺、養皮膚，當個養生 girl。

我曾經看過太多的妹妹們，太享受青春，在該專業的時候不專業。比如說泡吧、宿醉遲到、跟朋友去海灘玩，沒有擦防曬然後曬傷，第二天被攝影師投訴、去太多 party，喝太多酒整個變胖、因爲男朋友，工作都不做就離開 placement 的國家……一次次搞事情，一次次道歉，惡性循環。這樣的情況多了，就算我不解約，廠商也不敢用了。等她們玩夠了，回頭發現本來唾手可得的工作與資源都不再 available，那時候才來後悔想要挽救，已經太遲了。

疫情過後，有一些之前 fade out 的模特主動來找我，說想 come back。大家的想法其實多多少少都一樣：現在工作不好找，錢難賺，想回來打打工，賺點生活費。我其實遇到這種情況，是難過的。先不說大家保養得好不好，但他們把模特這個行業當作是備胎。當初 fade out 經歷中間四、五年的空白，現在以「我想回來你沒理由不要我」這個態度現身，我感受不到他們當初的熱忱與對這個行業的尊重了。

20｜東南亞僅此一家的 Model Management

你知道香港 TVB 電視臺的 slogan 嗎？

「全力以赴，做到最好！」[1]

每次想到這一句，我腦裡都有畫面和有聲音。TVB 臺慶我從小看到大，他們每逢臺慶前都會 release 一堆不同藝人「祝賀 TVB X X歲啦」的 trailer，你想不記得都難。這句話實在太洗腦了，洗腦到我覺得我現在那麼工作狂，TVB 該負一半的責任。

我蠻討厭不全力以赴去做一件事。即使是試水溫的事，我也要拿出「這件事有可能

---

1 一九九六年，TVB 首次以全臺藝人一同喊出的臺慶口號「全力以赴，做到最好！」最爲經典，並於「臺慶月」廣告時段內不斷播放，令人留下深刻印象。

光宗耀祖」的精神去策劃。跟我合作過的藝人、模特、朋友，尤其是那些很資深的，都知道我常掛在嘴邊的就是，我要做，我就要好好去做。這樣的信念同樣的也帶到 Basic 裡面，所以我很挑人簽，我如果有一秒覺得這個人是我無法好好做起來，我寧可不要。

Basic 做的是全經紀約，意思是，我們除了管理模特相關的工作，所有表演類的工作（音樂除外），包括電影、電視、主持和自媒體（social media engagement）我們也都負責。很多跟過其他公司的模特和藝人剛轉來我們這裡的時候，對我們管理層面那麼廣的這一點，要嘛就是很欣賞，要嘛就是很不習慣。

我看過有些藝人把模特工作分給一家，唱片分給另一家，演戲又找另外一家，三家公司每次都要爲了檔期打架。而且如果有廠商找，還要內部先搶一輪。這個我覺得很煩，我寧可不要。而且我既然說要管，當然的，我們公司也會好好負責怎麼去經營每一塊。比如說，二〇一八年我們開始接戲劇類的工作，所以我成立了 artistes division，聘請了有經驗的藝人經紀人來管理。比如說，我們合約管理層面包括 social media engagement，我就去 set up 了一個 content studio。Studio 除了場地、器材、道具可以給我們家的弟弟妹妹們使用之外，我們也會提供人手去幫忙拍片，或者是剪輯屬於他們 YouTube 頻道的片子等等。

又比如說，我想把一個女生從普通模特晉升爲 celebrity model，我得從塑造她個人品牌著手。我從公司初期沒有任何資源的時候，就開始在幫模特找贊助。出席活動的服裝贊助也好，健身中心的也好，美妝保養等等等，只要是對她們個人品牌是加分的，對他們事業是有幫助的，都是由我出面去接觸和協商。一般經紀公司才不鳥你，找 sponsor 這些都不賺錢，何必要浪費時間。但因爲我做的是管理，不只是經紀而已，所以這是必須的。

我們家很多模特都是從出道就待到現在，沒轉過 mother agency。不是因爲他們沒接觸過別的經紀公司。每一個 placement 都跟新的公司和新的市場合作，有時候他們出國工作，都會回來跟我說，別人公司怎麼不是跟我們公司一樣做法。

比如說，很多經紀公司在發送試鏡資料的時候，不會告知拍攝日期和酬勞。其中一個原因是，模特在做 placement 的時候，schedule 都是當地的公司安排的，公司只要照著他們內部的 schedule 走就好，模特如果要請假需要提早通知。另外一個原因是，有些模特計算著他們在每個 placement 到底賺多少。如果提早知道酬勞，有些模特會挑工作，經紀公司爲避免麻煩所以選擇不透露酬勞。我們公司在發送試鏡資料的時候一定會通知酬勞和拍攝日期，我的出發點是，與其讓他們抵達拍攝現場才知道酬勞才來鬧，還不如提早告知好好溝通，如果價錢不是很理想的，越要溝通讓他們知道公司爲什麼要接下這個通告，或這個通告對他們來說的意義在哪兒。比如說，美術學院學生的作品集有些經紀公司其實都不接，最主要原因當然就是因爲錢比較少。但我看到的點是，學生都是一群人一起趕作品集的，如果模特拍得好，僱用他的那名學生會把模特推薦給他們班或組裡的人，那booking的量就會增加。而且美術學院一般作品集的照片質素都還不錯，對還是新人的，或者是時尚照片不夠的模特幫助很大。

另外一點就是，我們公司的薪水是月結的。雖然不是全數，但金額不龐大或者廠商已經付款了的，都是月結。模特經紀拖欠薪水這個件事其實街知巷聞，但普羅大眾不知道的是，大部分的經紀約，模特的佣金都是廠商付款後的三十天內，經紀公司才會支付給模特，包括我們家的也是。經紀公司是靠賺取佣金來維持的，如果顧客沒給錢，經紀公司便無法給錢。我在talent agency的時候，最常做的就是追債。一般廣告公司大部分在九十至一百二十天內付款，有些甚至可以拖到一年才把錢吐出來，活動類的廠商比較快，差不多三十至六十天內結帳。

我瞭解爲什麼經紀公司都是得等到錢收齊了，才發錢給模特。還沒從廠商那邊拿到錢，要拿什麼出錢給模特呢？如果每每都是公司先支付，萬一錢拖很久都收不回來呢？但就是因爲這樣的做法（當然還有這一行的惡態，有些廠商眞的是很愛拖數），模特的收入太不穩定。有時候明明忙死忙活了一個月，statement 上面的數字再精彩，沒打進戶口的錢就是空談。卽使有再大的熱忱，都無法維持一個長期感覺像窮人的生活，我經歷過身無分文的日子，我很懂那種茫然。

我不是學 accounting 的，但基本的金錢管理的概念，我有。我的理想工作環境是，模特每個月都可以領取薪水，卽使不能全額，起碼我能保障每個月我能支付一份足以養活他們自己的薪水。如果我想實施月結，我需要有足夠的資金去支撐，不然很快會周轉不靈。所以在公司一開始的時候，我 set 的 payment terms 都是實施 cash on delivery，或者是 full payment before shoot，以確保資金足夠。除非是很熟的顧客，或者是大公司（確定不會跑路的那種大公司），否則如果是不知道什麼來頭的顧客協商工作後付款，我寧可不接。

我開始專注在電商這一塊，價錢不高，但量多，而且錢給的快，很快公司資金就開始穩了。當然我不可能每一份工作都提早買單，比如說廣告的金額比較大的，那些我沒辦法之外，其餘只要是數目不太大的，在公司不會給我搞垮的情況下，我都是先支付給模特的。二〇一八年起，我開始把幾位全職的模特加入 payroll system 裡面，新加坡如果是正式的 employee，除了會得到公司另外支付的十六巴仙的公積金之外，也會收到公司的保險保障。

前幾年疫情還沒爆發的時候，我常到東南亞不同的國家拜訪別的經紀公司，除了去做scouting之外，也是想跟別的經紀公司交流想法。我們曾經很努力地想找到理念相同，力量相同的公司來合作。談的人很多，大家看到的是，Basic很成功把新加坡模特、香港模特推上了國外。但等他們眞正瞭解我們的經營模式，尤其是我們還有包辦發掘模特和培訓這個環節，大多都被嚇跑了，像模特管理這種投資風險大回本少的生意，眞沒幾個人願意做，唉。

21｜打暗語的新聞臺

我有一個開了十幾年的部落格，裡面除了我大量的廢話，對生活的吐槽，對男人的炮轟之外，還有出道以來當經紀人所面臨的狀況和感想。有時候寫得很隱晦，因爲有些事情那個moment寫出來，當事人很容易就猜到我在罵他，但現在沒差啦。在我記憶衰退之前，先講一講當時發生的一些事。

我拉了幾篇出來回看。

※

〈傳奇〉

2015-04-08　00:37:38

傳奇之所以是傳奇，就是因爲他平凡得不能再平凡，你根本猜不到他會有逆轉的一天。每個模特都掛在嘴邊的 Kate Moss 身高只有一米六八，門牙間有個塞得下兩個牙籤的縫，誰想到她會成爲一個無可取代家喻戶曉的名模。因爲有她，想紅的都去把門牙鋸個縫，矮個的老是想走秀。

Kate Moss 可以，我怎麼不可以。

對啊，爲什麼你不可以？

怎麼說呢？二十年來無可取代的 Kate Moss，爲什麼會那麼無可取代呢？不是因爲她矮，也不是因爲她門牙怪，也不是因爲她很小就脫，而是天時地利人和。她在對的年代遇見對的人，在對的地方，做對的事。二十年就這一個，二十年後又蹦一個 Cara Delevingne。我看再下個二十年才能等到另一個傳奇了。

有一陣子我們只要一開 open casting，結束後的那一個月就會被死命攻擊（雖然現在也是，現在攻擊的火力更猛時間更長呢）。有些人眞的是很閑，又是開空帳號特地來留言，又是上 Google 給劣評。說到 Google 劣評，那是 Alex 的底線，他堂堂一個 digital marketing manager 最 care 的就是這個。一個劣評能天崩地裂，鬼吼得像《鬼丈夫》裡面的馬景濤（馬景濤對不起）。那時候普羅大衆對 open casting 和 Basic 印象不深。很多都是抱著來玩玩看，或者是自我感覺十分良好覺得公司不簽他就是欠他的，很欠揍。

我常常被逮著問，到底模特的基本身高條件是什麼，那既然你問我就答啊。想走國際秀，女生最起碼身高要一七五厘米，然後就被一堆人攻擊說，妳是沒聽過 Kate Moss 嗎？所以就有了這篇文章。

姐姐知道 Kate Moss 是誰，你們呢？除了 Kate Moss 就不認識別的了嗎？（微笑）

〈找到自己想做一輩子的事情眞的很幸福〉

2018-08-10 00:06:21

我其實沒有很故意要跟別人走不一樣的路，本來的初衷是不要太平凡的工作就好了。不要每天對著一樣的背景、走著一樣的路、重複著一樣的動作，爲了領一份不是很令人心動但必須依賴著存活的薪水，想到都怕。還有必須是能允許我穿什麼都行的工作。好像一開始是以這個爲出發點去找工作的，什麼工作沒有服裝限制我就投CV。

什麼類型的工作我都做過，星探、壽司店侍應生、精品店銷售員、圖書館管理員、私人助理、鞋子和包包銷售員、私人造型師和補習老師。爲了讓我媽閉嘴，我還曾經硬著頭皮穿起淑女裝，當了八個月的祕書，每天對著四面牆壁，還有只有冷氣聲打字聲的辦公室（和辦公室政治）。那段時間裡最害怕的就是中飯時間——到底要怎麼避過話不投機的其他祕書呢？

工作很得心應手，但我投降了，我沒法子這樣子過一輩子，也沒法子稱這

> 個爲我的終身事業。陰陽差錯下入了行，花了兩年時間才決定這眞的是我想發展的 career。然後就一直到現在。
>
> 我試想過如果轉行我還能幹嘛。其實我能幹的事情好多，但不會再有一份能比這更有成就感，更有原動力。
>
> 找到自己想做一輩子的事情眞的很幸福。

所以我很鼓勵小妹妹小弟弟們勇敢去爭取 gap year。卽使不是爲了當模特，去看看這世界，眞實地去體驗一下社會，你才知道你想做什麼，不想做什麼。我一直覺得選科，放在那麼輕的年紀，是一件十分危險的事。十五、六歲哪裡知道下半生要幹嘛，他可能對未來有個模糊的輪廓，甚至有些人根本都沒概念，莫名其妙就得去選擇下半輩子要做的事情。所以才那麼多小孩子盲目地讀書，反正還沒想到想做什麼，那就先讀著吧，與其讀一堆這輩子都不會用的東西（小聲說比如 periodic table……），倒不如去闖一闖，找一找方向。卽使無法立刻定奪目標在哪兒，起碼能 eliminate 不想去哪兒。

〈厚黑學〉
2016-11-02　00:10:54

有一陣子很流行關於厚黑學的書，大大小小書局都是「如何善用厚黑學」、「職場厚黑學」、「我不是教你賤」之類的書，我幾乎每一本看了都是一肚子火。男人最近在精讀一本英文版的，美國人還是哪裡人寫的對於厚黑學的精粹，然後好像挖到寶似的一直在跟我狂推厚黑的理念。對我來說，做對得起良心的事比做當下該做的事重要。爲了大局或爲了成大事而去幹些sneaky things，總是要讓別人不幸來成就我的成功，這樣的心態不就只是把骯髒和卑鄙合理化嗎？

只能說這個階段的我，還是挺傻白甜的，二〇一六年前我以爲的一切不順，其實都不是很扎心的。我就是認眞地工作，認眞地認眞，沒有考慮到認眞有時候會成爲一個把柄。

22｜有些人不配好聚好散

馬來西亞的名模 Eleen Yong 是我們家的臺步老師之一，她在馬來西亞的模特圈德高望重，自己手上也有一批在栽培的模特們。離開 Basic 的好幾位模特（這裡的離開是解約，不是去世，不是出國）都上過她的課，好幾次她得知誰誰誰離開了公司，都會發一些很激動的 message 過來，不外乎是「怎麼他背叛了妳？」、「我都不知道妳怎麼受得了這些」、「如果是我就崩潰了」之類的話。

說背叛太重了，我又不是什麼幫派是不是（如果是幫派我早就找人挑她腳根了……開個玩笑）。

我覺得我媽就是太不會生我了，給我一副那麼臭的臉，而且還不是冷感、高級的那種臭臉，也不是厭世美的那種臭臉。純粹就是——臭，臉。英文我們叫做 resting bitch face，但我家的藝人說我笑的時候，她雞皮疙瘩都起來了，很詭異。就因爲我這張這樣的臭臉，大家可能忘了，我其實也擁有人類的一種情感叫做悲傷。

是，悲傷。被離開，還是挺悲傷的。

二〇一四年的某個星期六中午，有一位模特和她爸爸說要約我喝咖啡，順便想聊一聊。喝咖啡和聊一聊不是個 good sign。但這名模特在我手上去了好多 placement，做得不錯，也賺錢。我沒想過，我去赴的原來是被分手的約。

當那位女生說她想提早終止合約，想過檔到另外一家公司，很謝謝我之前的付出，我還記得我當下整個僵。我不知道看不看得出來，但我很努力想要維持身爲一名經紀人的體面。我只是說：「哦，我跟妳共事也很愉快，希望妳以後一切安好。」很體面地道別，很體面地跟她爸握了手，很體面地離開現場。然後不吭一聲地拉著我老公，跑到商場的某個角落的樓梯哭了一場。我覺得我很努力了，我覺得我把她照顧得很好，不單是從零開始培養成爲一名模特，還有她出國時遇到的問題也好、三更半夜發來簡訊訴苦也好，我都是給足耐心回應。

當時 Basic 還是小小的一間 agency，資源少，整個公司只有我一名經紀人，跟別的公司比，很弱。那位女生企圖心很強，過檔別家資源好，會走是人之常情。這是第一次被模特「分手」，我會難過也是人之常情，我們以後會更好，我的方向沒有錯。我就是一直這樣跟自己做心理建設，但也消沉了好一陣子。

之後在很多場合遇到這名模特，還是會打招呼，偶爾在 IG 還是會互相聊一下。我小氣是衆所周知的，我絕對不是那種爲了撐場面還要打招呼的人。比如說以下提到的這名妹妹，我在哪個場合都很難有好臉色。

有一年的 Singapore Fashion Week，我同事 Elise 被安排下去跟場，順便拍一拍幕後花絮。結束了第一天的跟場，她回來公司，一臉爲難地說，有人跟她說了一件事，要求她保密，但以她和我的交情，她肯定要跟我講。

有一位上升期的妹妹跟 Elise 說，她被挖角到別家，她打算把時裝週做完後，就要跟我提解約。當時是十月，這位妹妹是當年五月甄選進來的。培訓結束已經是七月，我們在短短三個月內把她推上去，給她起了個小 Layla」的稱號，接著 lookbook、雜誌、campaign、fashion week 統統都幫她接到了，業內開始關注她的人也變多了。那時候的 Basic 已經不是小公司了，我們家出了兩位上過 Chanel 的模特，當年還有 Layla Ong 爲國

1 就是小 Layla Ong，新加坡一名名模。

爭光在米蘭走了 Gucci 時尚秀。公司有資源，有知名度，而這位妹妹還有兩個月就畢業，我和她都商量過之後的 placement 安排，什至都著手去準備了，我眞的搞不懂她想跳槽的點在哪兒。

第二天一大早的彩排，同在 backstage 的另外一位模特發簡訊說，她看不下去了，這件事我非知道不可。然後就發了一堆截圖給我，是那位妹妹的小號，妹妹在小號的 IG 上發了一堆關於公司不好的話，又說想解約要大家推薦律師，又列出了我們公司合約的條例等。然後呢，就在時裝週的現場和後臺，逢人就說想解約、公司不好、公司資源不好、公司制度不好 blah blah blah……你知道時裝週的後臺有多少人嗎？模特、化妝師、dresser、設計師、show producer，那跟拿著個大聲公唱衰 Basic 有什麼兩樣。

爲了確保不是一個人想潑她髒水，我也問了同在現場的幾個模特，他們都說對，她在後臺在大聊公司八卦。她的那個小號，加的都是行內人，包括透過我們安排的工作而認識的攝影師、化妝師、設計師等，都在那兒。

不問還好，一問，越爆越多訊息。之前公司參與了一場很大型的時裝秀叫做 Outsider Festival，公司全部的模特都有份參加了，經紀人們都到現場做管理。彩排當天在做 fitting 的時候，我在忙碌之中看到很詭異的一幕，就是十幾個模特圍在一起鬼鬼祟祟不知道在聊什麼，當中有個跟我不太熟的模特看了我一眼，然後很心虛地轉開。我還在想說這班小女生不知道又在聊公司什麼八卦。結果原來，那群人當中也有妹妹，是妹妹在詢問大家意見她想解約應該怎麼辦。

我炸了。

時裝週的前一個禮拜還來公司練臺步，我還花了好久時間指導她。四個月以來，除了培訓之外，進進出出公司的時間不少，來公司吃飯，來公司睡覺，我們把她當妹妹在疼，然後結果她在密謀跳槽。先不說是別人挖她，還是她自己想跳，想走就走是她自己的事。但到處散播謠言，公開公司的合約條例，在公司和其他的模特之間挑撥離間，在我眼皮底下，搞這齣，**excuse me**？

本來還想忍到時裝週後才跟她攤牌，眼見我再不阻止，她眞的會繼續在後臺當小喇叭當多兩天。我立馬發了個簡訊過去，大意是說我知道了她在小號上面發的那些文章，解約可以，但她這些小動作實在是很對不起我們這麼多個月來對她的照顧。然後她就是一邊道歉，一邊說她接受不來公司的作爲 mother agency 的安排，結論是，她其實不想去 placement，但公司又一直要她去。

現實是，一解約後，她迅速地簽了另外一家 mother agency，然後去了 placement。

模特離開，我很少會大肆宣布，我覺得聚散總有時，大家合則來不合則去，這很正常。在每個時間點，大家總會有不同的 priority，有時候剛好 modeling 不再是他們人生的重點，或者是我們公司的工作方式不適合他們。無論是我解約，還是別人解約，還是合約到期了不續約，都是平靜地結束。這行這麼小，一定會再次遇見，我不喜歡結惡緣，但我也不害怕翻臉。

妹妹的那次是我第一次在社交媒體上完完整整地解釋來龍去脈，在那之前我一直認爲，負面情緒自己消化掉就好。身爲經紀公司，身爲前輩，退一步海闊天空。但我發現現在的社會，你不說就不會有人知道，卽使是不眞實的話，反復地講，一傳十，十傳百，第一百人就會覺得是眞的。不會有謠言止於智者，大家只會覺得無風不起浪。

所以比起這起事件前的我，現在的我，更常在 IG 上發文，遇到踩我底線的事情，或者厚顏無恥挖角我家模特的同行，我是指名道姓掛在我 IG 上。大家可以去看一看 highlight。

輯二

想當模特經紀的看這邊

23 模特經紀到底在幹嘛

我的同事 Elise 曾經在一場張學友演唱會結束後，跟我提出辭職。她說，這場演唱會她期待了好久，可是演唱會開場後，有個很龜毛的廣告商一直在訊息她關於隔天的拍攝，她整場演唱會都在處理狀況，完全不知道張先生唱了什麼歌。而身旁的老公和家婆只是給她一道很奇怪的眼光，不是很理解她一直在玩手機，到底在忙什麼。

我跟家人是分開兩地的，我媽在我入行的頭三年，每次只要通電話，總有一句是：「去找份正正經經的工作吧。」心情好的時候，我會笑著說：「那我去當郵差好了。」但聽多了，真的挺煩的。我曾一怒之下回嘴說：「我這份工作到底是哪裡不正經了，是去賣了還是去搶了？」

有一次我問她：「媽，妳知道我的工作準確來說是做些什麼事嗎？」她說：「不就是幫模特拎拎包、化妝和弄頭髮嗎？」

呃，不是的，媽。

這次好好講一下，模特經紀到底在幹嘛。

模特經紀分兩種，一種是跑業務的，就是普羅大眾瞭解的那種經紀人。另一種是母經紀（mother agent）。前者是主管業務，後者是模特生涯統籌，但其實負責的區域或多或少都會 cross over。像 Basic 就是兩者兼顧，整個團隊去支撐起每一位模特的事業發展。

很多人以爲經紀人每天都光鮮亮麗地陪模特出席 party，喝喝酒聊聊天，偶爾模特出問題幫忙擦擦屁股。那只是日常工作的零點零二巴仙而已。老實說，我就沒見過很愛去 party 的經紀人。大部分的經紀人沒事寧願放工回家休息，去 party 都是爲了應酬，又不是去玩，想到就累。經紀人手機不離身，不關機，隨時都會有突發事件要處理，也沒有所謂的下班時間，全年無休，anytime standby。

我把經紀人和母經紀的工作細分出來，你們就知道我們有多忙了。

一、**接工作**。

經紀人主管業務這一塊，包括如何把模特推銷出去和怎麼達到業績。每一天都有數不盡的 email 進來，近幾年大家已經不怎麼打電話了，不像 Eileen Ford 那個年代（已故的

Ford Models 創辦人），她最廣爲流傳的照片就是在辦公的時候，耳朵脖子夾著電話筒，兩手還同時拿著三個電話筒的照片。

簡單的流程就是，廠商把模特需求和試鏡資料發來，經紀人把符合要求的模特模卡發過去，廠商進行篩選後，經紀人安排試鏡。遇到國外的 direct booking，或者廠商沒有空，不方便幫模特試鏡，經紀人要自己幫模特拍照或錄影然後發過去給廠商。試鏡完畢，如果有模特選上，經紀人需要迅速通知模特交代工作資料。這只是一份工作的上半場，下半場就是確保工作如常進行，拍攝完成之後，再開單。下半場才是高潮迭起的部分——模特生病、模特 fitting 缺席、模特遲到、模特表現不佳、廠商的工作內容有更改，或因爲天氣和疫情而影響拍攝，這些都是隨機應變的。

拍攝當天如果模特身體不舒服，經紀人需要立刻找替補，找好替補還要聯繫廠商道歉並且提出替補方案。或者是模特遲到、模特缺席試鏡、模特拍攝表現不佳被投訴，這時候經紀人成了顧客的出氣筒，大部分顧客都會當著模特的面說沒事，然後發簡訊來發難。或者模特忘記帶東西到拍攝現場，然後顧客要求公司找人立刻送去——這些都是經紀人很常遇到的狀況。工作都是接踵而來的，同時跑十幾二十個項目是日常，現在大多數都是以 email 和 WhatsApp 來處理，所以經紀人看似在按手機不知道在玩什麼，其實眞的就是在忙。

二、包裝

一位好的經紀人需要的不只是口才，他要懂得包裝的藝術。從髮型的改造、去試鏡的穿著、近年來社交媒體上該發什麼樣的照片，甚至到改藝名，經紀人需要根據市場的趨勢去給最正確的職業指導。

新人剛出道的時候沒有 portfolio，經紀人需要安排各種類型的 testshoot 才有照片可以做模卡。Testshoot 不是天掉下來的，這種免費的事，大攝影師很少會幫新人拍，經紀人需要不停去發掘新的攝影師進行合作。比較負責任的經紀人會在拍攝前跟攝影師討論，確保風格是模特現階段需要的。

歐洲很多經紀公司設有美術部門，就是專門設計模卡和所有公司宣傳 materials 的人員。但在亞洲很少有這樣的安排，亞洲經紀公司的模卡都是經紀人負責的，經紀人要懂得挑照片，做一張吸引客戶的模卡。模卡需要什麼樣的照片，才能獲得哪些廠商的青睞，這些都是經驗累積的。

這幾年不是流行抖音嗎？很多經紀公司紛紛趕上這股熱潮，希望一個不小心炒起下一個流量模特。經紀人需要去想題材、拍影片，也得熟悉各種社交媒體軟件。有一些業配，如果廠商沒有安排攝影師，經紀人也需要充當攝影師，幫模特拍照交稿。

三、**小型旅行社**。

模特工作上的所有旅行事宜都是經紀人負責，之後才跟廠商清算的。這包括訂機票、訂酒店住宿、申請簽證和安排機場接送等等的。疫情前有些簽證需要親自遞交，如果模特沒有空下去，都是經紀人拿著授權書到領事館或簽證中心代辦。疫情期間到每一個國家都有不同的規定，離境之前的 PCR test 要到哪裡做，落地之後有什麼樣的手續，經紀人都要去 double check。

四、**心靈導師**。

模特這個行業節奏快且壓力大，尤其入行的模特年齡偏小，青春期荷爾蒙作祟會做一些糊塗事。加上時尚行業本來就五顏六色、誘惑很多，這時候經紀人需要好好地拉他們一把，把他們放在正軌上。模特的工作不算是大衆化，有些心酸跟家裡人說他們也不太瞭解，所以經紀人常要充當 aunt agony[1]，聽他們訴訴苦。

五、**母經紀的工作**。

母經紀之所以被稱爲 mother agency，就是因爲母經紀像一個 mother 全面地照顧著自

1 尤指在報刊上爲讀者解答個人問題的夫人信箱。

己的孩子（模特）。

Mother agency 需要很清楚瞭解每一個模特的終點站在哪裡，並且鋪好路幫他達到目標。有些模特想賺錢，那 mother agency 需要的就是把他安排在喜歡他這一型的市場上；有些模特想去歐美發展，亞洲模特不能貿貿然就這樣過去，需要些什麼樣的 testshoot 或在哪個市場可以接到對歐美發展有用的雜誌拍攝，mother agency 需要一步步安排。

比如說，一個新加坡模特想到國外發展（統稱 placement），身爲母經紀的 Basic 會根據模特的身高、外形、book 有多強等因素，而去建議模特適合到哪些市場發展。有需要的話，Basic 會去安排 testshoot 增強模特的 book。等 book ready 了，確保模特三圍合格後，幫她拍 casting materials，然後再找適合的幾家國外經紀公司發模特資料過去。如果有國外經紀公司對模特有興趣，母經紀必須要審視合約確保合約沒有對模特不利的條約，然後跟模特對合約（就是解釋條款，讓模特瞭解這個合約是講什麼的），進行簽約。有的時候也必須幫忙處理工作證、機票、住宿，並且跟模特 go through 那個市場該準備什麼。

等模特順利抵達該市場，母經紀要觀察模特的工作和試鏡流量是不是足夠。有些經紀公司在模特抵達後，如果沒有達到一定的業績將會提早終止合約，然後會要求母經紀安排模特離國。這種情況如果發生了，母經紀便要立即處理，比如提前出發到下一個

攝於後臺。

placement 的國家，或者先把模特接回國。

母經紀是模特與本地經紀公司之間的橋梁，模特在 placement 期間如果跟 placement agency 有摩擦，母經紀便要出面瞭解情況並解決問題。每一段 placement 結束後，母經紀要負責跟 placement agency 拿模特在 placement 期間接到的工作的照片加入資料照，以及代爲跟進收款事宜。

不是每個模特都那麼順利能被簽，有些模特可能很久都無法落實第一個 placement，這時候就是要看母經紀 network 有多廣、資源有多深。有些國外的經紀會看新模從哪一家母經紀來的，如果是口碑好的母經紀，國外經紀對她們出的模特比較放心，新模獲得合約的機會會比較大。

稍微提一提：

有些公司只做業務經紀（model agency），不負責母經紀這一項。有些公司會有長期合作的母經紀，如果有碰到不錯的人選，會直接介紹給另外一家母經紀去洽談母經紀合約。或者是母經紀有遇到不錯的人選，也會優先介紹給 model agency，是有這種 pass it on 的 model agency 和 mother agency 的 relationship。

24 當模特經紀的六大要素

一、**記性好**。

經紀人的工作十分繁重，每天跟那麼多人溝通，如果總是不記得自己說過什麼、答應過什麼、拒絕過什麼，後果很嚴重。

公司有哪幾位模特 in town，模特身高和三圍，混血兒是混哪幾個國家，這位模特最近接過什麼廣告，那位模特行程滿不滿……別人問起，你總不能每一輪都說等等我查看看吧。有時候跟廠商開會，你如果想要 promote 自己家的模特和藝人，你必須對他們的工作安排和發展瞭如指掌，才能侃侃而談。

二、**反應快**。

廣東話叫做「執生」，。工作隨時隨地會出狀況，你必須得以最快的速度，冷靜地分析如何去解決狀況。

最常出現的狀況就是早上的拍攝模特身體不舒服無法出席，我們必須要在最短的時間內把當天空檔的模特吵醒，確保他們能立刻趕到拍攝現場，然後同步把模卡發給廠商挑選，還要一邊安撫廠商的情緒。還有就是拍攝現場常會發生狀況，廠商不滿意模特表現啦，或者即將超時進而影響下一個booking啦，或者製作公司臨時改拍攝內容，沒有事前通知啦。經紀人的頭腦不能卡殼，隨時隨地都要運轉。

三、心細。

經紀人十個裡頭九個都是人精。每天都需要跟人打交道的我們，很多時候在工作上會遇到一些不懂得如何表達自己想法的人。比如說有些廠商不滿意模特的表現，不一定會開口抱怨，但會透露著不耐煩的小動作。這時候經紀人就需要step in，可能要求個break去好好跟廠商和模特溝通。有些模特在拍攝現場可能身體不舒服，但不敢開口，經紀人在現場應該要時時刻刻留神，照顧模特的身體才能確保模特能好好表現。

四、臉皮厚。

經紀人和銷售員其實沒兩樣，都是要去做推銷這個動作，當然手上的產品（模特）如果資歷很厲害很好賣，那當然是沒什麼難度，顧客自然上門來，但如果沒有呢？經紀人就必須自己去找顧客、找門路和找工作。以前比較 old school 的做法就是去 google 全部相關的顧客（比如說製作公司、廣告公司、設計師工作室等），然後一個個打電話去自我介紹順便拿個 email 之後再 follow up（是不是很像保險公司的 cold call……這就是 cold call 啊）。或者代表公司出席媒體活動，自己去打招呼拿 contact，如果是有社恐的人會很辛苦。

五、心理素質要夠強。

經紀人要處理的事情多而繁瑣，最要命的是，每個工作都有 deadline，不能拖。比如說時裝週一位經紀人可能手上每一天都有幾十個試鏡，每一個試鏡需要跟幾十個模特溝通，做安排已經夠忙了。如果模特出狀況，經紀人必須要立馬下判斷解決，廠商總會有 last minute 而不得不做的 request，每個廠商的都是「緊急的」，一整天就是這樣子高壓之下馬不停蹄地一波接著一波。經紀人手機都是全天候 on standby 的，以免有突發狀況的時候來不及處理。工作跟生活其實很難分開，如果很容易被工作的壓力影響情緒的人，當經紀人真的會很崩潰。

---

1 意爲隨機應變、伺機行事，還有彌補（錯誤）、補救的意思。

六、負責任。

別人把人生交到經紀人手上，經紀人就是他們的米飯班主，經紀人的懈怠會影響到模特每個月賺多少錢，養不養得了家，交不交得出房租等。

我看過太多（別家的，別家的）經紀人做事情吊兒郎當的，對廠商那邊可以拖幾天都不回覆，對模特每次交代工作事宜都很含糊。他們只管簽單，不管工作表現，不管事業發展空間。還有一些經紀人在每次出事的時候都人間蒸發，或者是下班時間手機進入飛行模式。

經紀人還沒到掌管模特生死的程度，但有時候有些決定稍有偏差，小至影響工作進度，大至毀人事業。很多經紀合約都包含替代模特簽工作合同的權力（limited power of attorney，就是模特授權給經紀人幫她處理合同），有些經紀人看合同的時候看得很草率，有一些經紀人是急著賺取佣金，隨隨便便就把模特便宜賣了，不管不顧這項工作會不會對模特日後的工作有不良的影響。有些經紀人習慣性簽人，簽了又不上心，模特被綁死好幾年，把最好的青春都浪費了。

一名好的經紀人應該以模特的利益爲出發點，盡可能幫模特爭取最優渥的條件，同時也要教育和帶領模特成爲一個更出色的表演者。

25 — 經紀人的專業操守

第一條、絕對不能讓私人情緒影響工作。

分手也好，喝醉酒也好，跟爸媽吵架也好，被老闆開涮也好，跟你共事的人沒有必要共享你的負面情緒。尤其是工作上，你的私人情緒不能帶到工作上來。

模特和藝人在工作的時候需要專心在表演上，臺前臺後都好，你的個人情緒一旦顯露了，或多或少會影響跟你一起工作的模特，進而影響他們的表現。所以經紀人們很多時候就算是有多不滿模特遲到都好，當下絕不會說什麼，以免影響模特的情緒，進而影響表現，大家都是忍到工作結束後才會開罵。☺

第二條、不是你喜不喜歡，而是你需不需要。

我以前是有輕微社恐的，很討厭社交，很討厭認識新朋友，很討厭跟不認識的人吃飯，甚至在同一個空間相處我都不喜歡。但這一行，有很多活動，很多社交場合，都是避無可避的，無論是爲了擴展公司人脈，或者是去宣傳公司，去了，就會有獲得。

當上經紀人後，每次要去應付我不喜歡的場合的時候，我都謹記著，我現在是經紀人，不是Bonita，Bonita可以不喜歡，但身爲經紀人，經紀人有經紀人必須得做的事，你需要對把事業託付給你的模特們有所交代。

第三條、你可以對自己的工作感到驕傲，但別把自己太當一回事。

經紀人的工作輪不到偉大兩個字，但做得好，你的一個決定，有時候可以改變別人的一生。這樣的權力，要珍惜，要謹慎。我看過太多身爲行內人因爲擁有一丁點能改變別人人生的權力而膨脹，明明只是舉手之勞，卻偏偏要擺出高姿態。

很多人忘了，有時候所謂權力和影響力，只是因爲你是某公司或某品牌的工作人員。離開了這棵大樹，你便什麼都不是了。不要被那些虛無的權力牽著鼻子走，這一行很小，大家都蠻記仇的，除非你這輩子都不會離職，不然狐假虎威真的只會種下惡果。

26 試鏡最害怕遇到的五種行爲

一、**一人試鏡，十人同行**。

媽媽、爸爸、哥哥、姐姐、妹妹，還有尖叫著到處跑來跑去的弟弟，偶爾還有阿公、阿嬤、爺爺、奶奶、男朋友和男朋友那個一臉看戲的朋友。偶爾還有人帶狗。未成年的都算了，有些二十出歲的還要全家大小一起到場支持，那眞的是讓人懷疑之後如果我們簽下她，是不是每次工作都需要那麼大陣仗。

二、**不符合甄選要求，還死賴著不走的**。

身高、三圍和年齡都列清楚在甄選海報上，我可以瞭解有些人抱著一試無妨的心態來。我們也的確遇過身高不符合，還是給她 pass 的甄選者。但大部分的甄選者，如果眞的無法達到要求，工作人員一般都會客氣地回絕。我們遇過很多次在量身不過關，然後撤潑的人，搞得場面很難看。而且就算給妳硬拗過關了，這樣子得不到就擺臉的態度，哪家公司敢要妳啊？

或者是已經試鏡結束覺得自己表現不佳，然後重新排隊假裝之前來的不是她的。我們是看起來很蠢嗎？

三、**對 model helper 不禮貌**。

對等待不耐煩，對填表不耐煩，對身邊坐著人不耐煩，對模特幫手們呼呼喝喝，或者一直過去催說自己要走、什麼時候輪到她。如果對甄選的過程那麼不耐煩，到時候入行大把事情夠妳不耐煩的，這一行可能不太適合妳哦，朋友。

四、打破砂鍋問到底。

在甄選的時候，我們很少會給太多意見。第一時間緊迫，後面還有很多甄選者要看。第二，沒必要，如果我有意要簽一個人，之後大把時間和機會可以慢慢聊。不想簽的人，何必弄得那麼難看。以前做 casting 的時候，我只會讓我覺得有興趣的甄選者走臺步，我覺得不適合的，看一眼就讓她走。我的本意在於，不想浪費別人太多時間。有些甄選者可能看到別人有機會表現臺步的部分，她沒有，所以就開口要求自己也走臺步，我一般是沒問題的。但有一些實在離譜，比如有些女生會當面問爲什麼不用走臺步？或者走了一遍，又問爲什麼只給她走一遍，別人都可以走兩遍？還有更離奇的就是，當場要我指導她臺步，對她的外表有什麼意見、她有多大可能性被選上。我耐著性子回答了，她到門口又去騷擾其他的 model helper 要意見，咄咄逼人到嚇人。

五、問東問西探頭探腦。

這裡指的是家長們。將心比心，我明白家長們對於模特這行業多多少少會戴著有色眼鏡。我也十分鼓勵未成年的甄選者帶著家長到現場，讓他們觀察我們試鏡的流程和公司的專業程度。但家長們有時候眞的太帶刺了，**crossed-arms** 站在旁邊很不客氣地盯著每個人看，或者一直在我們甄選的門口很凶地往裡面盯。我們甄選的房間都是開著的，你孩子打個噴嚏，我保證你聽得見。**Last checked** 我的同事們都不咬人的，小孩絕對是完整地進去，完整地出來。

27｜稱職的 Mother Agency

我常覺得，身爲一個 mother agency，我不夠稱職。我對自己的模特不夠狠。

作爲一個離鄉背井長大的小孩，我對於隻身出國工作或讀書的小孩會比較照顧，因爲我也是過來人。我把模特送出國，模特一抱怨說在國外過得太辛苦，壓力好大，想回家。雖然我嘴巴碎碎唸著又來了，腦子想的已經是怎麼跟當地經紀公司開口縮短 placement period，機票能不能改期等問題。所以模特習慣性依賴，只要是出國不開心了，抱怨一下，就可以回家了。

有一次，我跟中國一家很有名的 mother agency 見面，聊到了送模特出國這一點。他們家的模特都是自己掏腰包買機票，入住當地公司提供的模特宿舍。母經紀全程不會資助一分錢，頂多就是 placement 期間，經紀人如果有去當地做 scouting 或參加 fashion week

圖為培訓過後與模特對話中。

的時候去看看他。我說：「你捨得哦？」我說，我都是盡可能把一切安排好，當地的模特宿舍環境太差了，我們公司還會自己找 Airbnb 讓同期飛過去的模特都住在一起有個照應。然後他就給我一個黑人抓頭的表情。

「出國都得吃苦的啊，每個人都是這樣過來的。妳太寵他們了。」我得到這樣子的評語。

我跟另外一位台灣 mother agency 聊的時候也是得到一樣的評語。在亞洲，或者是在大部分華人的認知裡，你如果認眞把一份工作當成終身職業，那就得接受伴隨而來的辛苦。哪一份工作不辛苦呢，都辛苦。道理我懂的，「讓小孩學會游泳最快的方法就是直接丟進大海」，還有「一哭就抱會寵壞小孩子的」。

道理我懂的。

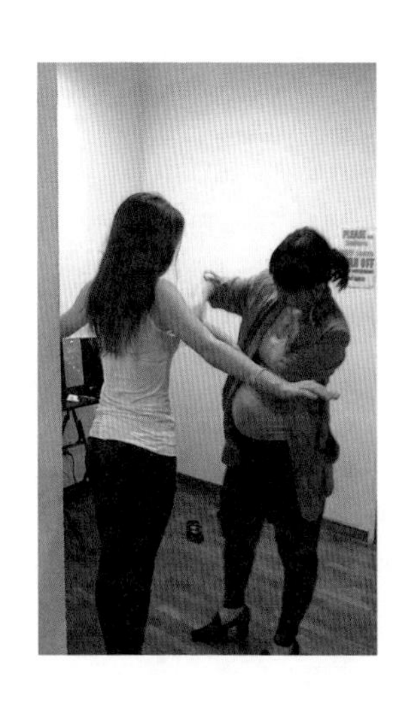

圖為二〇一三年我在懷孕期間進行試鏡的時候為模特量身的照片。

送模特出國工作都是有原因的：為了讓他們的資歷更豐富；為了讓他們「浸過洋水」，回來比較有故事點能炒作，比較容易把他們捧上位；為了被國際的品牌看到；為了成為眞正的國際模特，而不是屈身於在地圖上只是一個紅點的新加坡。有些苦熬一熬就會過去，有些挫折才能讓人成長，道理我都懂。但 mother agency 也是個人，婦人之仁眞的是很不幫忙。

也許我心腸再硬一點，在他們哭著說要回來的時候，說不行，你就是要待到任期結束，可能他們將會得到更多更好的機遇。這我還在學習當中，希望有天爭取上任心狠手辣的母經紀第一名。（發奮圖強 gif）

28｜經紀人的身不由己

我蠻常跟我的模特鬧得不愉快。

讓我最討厭當經紀人的兩大moment：第一，是工作出狀況；第二，跟自己人吵架，傷神傷感情。我情緒一低落就會猛吃，然後發胖，所以也很傷身。我成立Basic至今瘦身完全不成功就是模特害的。

我遇過一位很資深的經紀人A，她手上曾經帶過一個蠻知名的女模。那位女模跟公司合作很多年一直相安無事，事業發展得有聲有色，賺的錢也準時到帳。有一天她突然跟這位經紀人要求解約，她也坦率地透露原因：她被一位資歷沒那麼厲害的經紀人B挖角了。經紀人A就很不解地問，她到底是對公司有哪裡不滿意，女模說，工作上都沒問題，但私底下經紀人B會陪她吃飯，經紀人A不會。

我當時聽了蠻無語的。誰想到後來，在我身上發生了同樣的事情。有位妹妹被挖角了，然後發了一篇文說她新經紀人是全世界最好的經紀人，總是會帶她去夜店蹦迪。再後來，這位妹妹搞了一堆壞習慣，把身體搞壞了，整個人身材走樣，便慢慢淡出模特圈，那位經紀人也銷聲匿跡了。

（先容我在此大笑三聲。）

Anyways，身爲人類，大家都想得到認同，大家都想得到讚美，被讚美很爽，但很多人其實不知道，有些讚美有毒。這個毒最厲害的地方是它並不明顯，它慢慢滲透，慢慢腐壞你的認知，到最後讓你覺得，嗯，這個毒就是眞理。

身爲一個經紀人，有很多身不由己，有很多矛盾。比如說，模特生理期不舒服，但這場拍攝非進行不可，我是要把模特抽出來，跟廠商說「老娘我們不幹了」？還是跟模特說「吃個止痛藥撐一撐吧」？

同樣是女人我不知道生理期的痛有多難熬嗎？但身爲經紀人，我不瞭解什麼是專業，什麼是爲大局著想嗎？經紀人就沒有來生理期很痛、卻非得要開工的日子嗎？我們也有啊。我們就是兩三顆止痛藥吞下去硬撐的。但如果我這樣要求模特去做，好像就變得不人道，沒有同理心，是一名黑心只顧賺錢的經紀人。

又或者有些女生的目標是去歐洲做 placement，歐洲的標準是臀部不過三十五寸爲佳，過了不是說不能去，但有可能拿到的 offer 會很少或者不會很好。我每天看著模特一天天長肉，IG 上都是蹦迪、吃夜宵和喝酒的照片，我應該提醒她「Hello，小姐，妳再吃下去，可能今年不用想歐洲了」？還是給她按讚，跟她說「好好玩」？

29｜不輕易簽人的理由

簽下一個模特，對我來說是個很大的責任。所以我不輕易簽人。

曾經一度我老公很不體諒這件事，常拿別人公司來比較，說妳看M家又簽下了誰、N家最近又有一堆新男生。或者有些模特先來接觸 Basic，我這邊拒絕了，之後隔一陣子後，另外一家就簽下了他。我老公很 follow 這種事，他的觀點是，先簽再說，做不好就做不好咯，總好過便宜別人。

但我對每個我放掉的模特沒後悔過。先不說他們在別人那邊做得怎樣（有些真的還不怎樣，ahem），我也不是死鴨子嘴硬，而是我記得每一個我拒絕過的當下，那一定是沒有十足的把握把她做好，我才不簽的。

先說身高外形。很多人常被說：「妳長這麼高、這麼漂亮，怎麼不去當模特」所以就想入行。有些人以普羅大眾的審美來看，眞的算是出衆的了；但以模特來說，其實還未達標準。這個標準挺玄的，除了身高和三圍有確切數字之外，五官和氣質很難定義。有一陣子亞洲很流行混血兒模特，每一家都搶著要混血兒。混血兒模特給人的感覺就是很精緻，但不是混血就一定上鏡。我無法說：「哦，你要這個鼻子搭那個眼睛，搭這個嘴巴，就是我要的漂亮。」而且有時候所謂的漂亮，也不一定適合我們公司的客源。

經紀人做到了一個年份，大部分都有火眼金睛。我們能一眼掃描出一個模特有沒有培養的潛質，同時大腦立刻連接搜尋我們手上有哪幾家品牌和廠商，可能會對這類型的模特有興趣。如果搜尋不出來，大多數我都不敢簽。我看似凶悍，其實就是個孬種。我很害怕如果簽下來之後沒發展好，浪費了別人寶貴的時間，有天他攜家帶眷來罵我。

除了看身高外型，我其次最 care 的就是他們對這行的想法。我需要十分確定他們的方向跟公司的方向是一致的，以及我手上有足夠的工作可以提供給他們，我才敢邁出那一步。

就因爲我很挑，所以一般簽到的都是和公司頻率一樣的人，一合作就是三、五、七年，被挖角也不動搖。

1
―
2

1　圖爲活動後與模特合影。

2　在資生堂「百年美白」活動現場與模特合照。（二〇一五年）

30｜不睡覺的 Mother Agency

作爲母經紀最痛苦的事情，莫過於在半夜三更處理狀況。

我試過有一次，我的模特要從新加坡到米蘭工作，中途在伊斯坦堡轉機。在米蘭機場，我們安排了司機接送她到 models apartment，結果司機在新加坡時間傍晚十點多的時候打來說沒接到人。我那天忙了一整天的拍攝，剛剛拿起鍋想煮麵，接到電話的時候，哪兒還吃得下，立刻想辦法聯絡那個女生。怎知，她的手機關機，我打給她爸，她爸說在伊斯坦堡轉機的時候剛跟她通過電話也好好的，然後現在也找不到她。我的小腦袋演了一齣《富家千金綁架記》（那女生的爸爸很有錢），結果上網一查，才發現班機誤點，遲了兩個小時抵達，但女生忘記跟我們報備。等女生抵達米蘭，真的上了車之後，已經是新加坡凌晨十二點多了。我晚餐都還沒吃，但餓得吃不下了。

另外一次，有個女模在回國前兩天，突然情緒崩潰，在最後一份工作前的前一晚打電話給我。那時新加坡時間淩晨三點多，我剛好起來餵奶看到 missed call，趕快去看她發我的簡訊。她說米蘭的經紀公司幫她安排了一份工作，但她眞的很不想接，該怎麼處理。我回了一個 message 說我兒子在睡覺，我無法通電話。我發完了這個 message，越想越不對，心很不安，就跑出去客廳回電給她。然後就聊了大半個小時，試圖安撫她。

聊完那通電話後，我立卽去聯繫負責隔天拍攝的那位經紀人，再次確認隔天的工作內容，瞭解了狀況也試圖溝通看能不能找個折衷的點。但預料之內當然是不行，時間太晚了，她們拍攝地點太郊外，來不及找替補。

在這種 moment，其實母經紀的立場是蠻尷尬的，我能插手的地方眞的不大。第一，我人不在現場。第二，那份工作不是我接的，那不是我的 client，只要不是違法的或色情的或帶來危險的，我沒有立場 step in 拒絕這份工作。

另外一單呢，其實蠻莫名其妙的。Aimee Cheng-Bradshaw 有一個 direct booking 去了巴黎，順利抵達巴黎已經是半夜。入住酒店的時候才發現，當地幫她訂酒店的 agent 訂錯了日期，訂了同月同日但一年後的日期，結果當然就是無法入住。她立刻打給我，那時候都淩晨四點了，我趕快上網去訂酒店。但不知道是不是區域的關係，我們這裡已經是隔天了，我怎麼都訂不了她那個時間點可以入住的酒店。後來，她所在的酒店好心地幫她查到附近一家酒店有空房，還幫她安排了車子過去。

新加坡女生出國工作，很常因爲想家，人剛到外地就鬧著要回來。還有一種模特，純粹就是迷糊鬼，常錯過班機，我現在都已經成爲訂票與改票達人了。有一次，有位香港模特要去米蘭，前往米蘭的那班機 miss 了，結果回程的時候也 miss 了，兩次都是我當場補買另一張機票。還有一次，有一位第一次獨自出國的女生，以爲十二點的飛機是十二點到現場 check-in，結果當然又是浪費了一張票。

當然還有各種莫名奇妙的狀況。有一次 Layla Ong 冬天的時候去紐約工作，人剛到 apartment，發現暖氣壞了。我就立刻聯繫了當地的經紀公司，要求她們安排維修。第二天她們正安排人員去維修暖氣的時候，負責打掃的阿姨不知道怎麼的，竟然把房間的冷氣機搞得從冷氣機的洞口掉了下去，還好沒砸到人。Layla 那時候還發我一張照片說她手受傷了，原因是冷氣機要掉下去的那瞬間，她本來想抓住那條電線把冷氣拉回來，結果沒抓住把手擦傷了。我整個人很生氣，她四十幾公斤的根本不可能拉得住那個冷氣機。還好沒抓到電線，如果抓到了，一不小心就是連人帶機從那個破冷氣洞口扯下樓了。九樓耶，我想到都害怕。

一般在歐美的時裝週期間，如果當天有我們家的模特走大品牌的 show，我都是醒著到淩晨兩三點。看完秀，發個 IG，再上網找即時照片發給模特去 re-post。後來有些去慣時裝週的模特，已經很熟悉哪幾個網頁會最快拿到照片，都是自己下載和轉發。如果有相熟的媒體剛好飛去歐美去看 show，我那晚應該都不用睡了。很多牌子在 show 當天，秀開始之前才來 cancel model，所以不到最後一刻我都不能通知媒體誰有走。直到模特在後臺上完妝、弄完頭髮、做完彩排，我才敢發個簡訊給媒體，叫讓他們留意一下誰誰誰的出場。

有一次，某個模特在走大牌子的 show 後，媒體立刻聯繫說要做採訪，隔天還要安排雜誌拍攝。我除了要聯繫模特，還得聯繫當地的經紀公司確保她的行程可行，然後還要 filter interview questions、故事角度等，等弄完都淩晨四點了。

想想都覺得累。大家記得，二、三月，還有九、十月沒事別來煩我，我一年最日夜顛倒就是這陣子了。

31｜Mother Agency 的維基百科

身爲 mother agency，我最常聽到我自己家的模特跟我說，她有個朋友在某個國家或某間公司做得很好，我能不能也發她去。

我會問，那個朋友長什麼樣子，發 IG 來看看，一看，跟自己模特完全不同型的。要嘛身高差很遠，要嘛就是一個黑皮膚，一個白皮膚；一個洋人，一個華人；或者一個是廣告臉，一個是 editorial 的臉。

模特有時候很容易被別人的大餅吸引住，當然也有可能別人的故事刻意加上了濾鏡影響了他們的判斷。這時候，就需要 mother agency 來幫助他們瞭解眞實的情況。

我們 mother agency 有個 facebook group 叫 M.A.M.A，專門就是分享市場和別家經紀公司的 updates。那個 group 是很多 mother agency 的維基百科，在網上根本無法搜尋到的內幕，全都在那兒。各國的 mother agency 除了會在上面分享自己的一些經驗談（aka 發牢騷），組內的任何人只要發問題，其他的 mother agency 都會根據自己的經歷去回覆。偶爾也進行投票，就是哪一個國家的經紀公司最好和最爛之類的，這在我做 placement 的時候是很有用的參考資料。

比如說：

身高一米七以下的女生在紐約能接到什麼樣的工作？

有哪一些公司有在做 plus size？

華裔的男模在歐洲哪一個國家能接到最多 show？

新人獲得了三家的合約，哪一家比較好？

……反正什麼樣的行內情報都有。

裡頭還有一些經紀公司之間互相投訴，比如說哪一家公司拖欠 mother agency commission、哪一家的 models apartment 有老鼠，環境很差、哪一家的 agency contract 加入了不合理的條約。大家在裡面都是攤開來談，然後各國的 mother agency 也會參與討論。

以前這個 facebook group 有位很了不起的 admin 叫做 Gal Golan，他是加拿大的母經紀，也是名十分稱職的管理員。他發起 M.A.M.A，也就是 Mother Agency Association，出發點是希望結合各國的母經紀，來保障母經紀和模特的權利。他一直鼓勵大家把糾紛擺在臺面，以和平爲出發點來討論解決方法。每一場糾紛，他都很有耐心地幫忙化解。

但是，很遺憾他在二〇二一年逝世了。

32 大家對經紀人的一些迷思

自從 YouTube series——《Making of a Model》推出後，我時不時會收到一些 DM，問關於當經紀人的途徑。我在想說，你們到底爲什麼那麼想不開想來當經紀人？

經紀人吃力不討好，工作的時候，家人不諒解，模特有時候也不諒解，如果你也有以下這些迷思……醒醒吧，朋友們。

一、**經紀人有權有勢**。

我們只是行內有點說話權而已，但在 advertising pyramid 裡，經紀公司是金字塔的最低端。如果你想掌權，應該去做品牌負責人，但也衷心希望你別碰到像我這種不怎麼當廠商是金主爸爸的經紀人。

二、**經紀人帶著模特到哪兒都很拉風**。

經紀人跟 job 只有進門的那一瞬間看似很拉風，但你有看過真正的經紀人（不是那種老闆級進去打個招呼就走的）在現場做什麼嗎？只要不是應酬的活動，經紀人跟場的話，基本上就是當助理使喚的。模特在活動中拍照的時候，經紀人負責拿包包，檢查模特妝容。如果是拍攝現場，就是隨時隨地盯著模特狀態。有一次 Yihru 跟場，現場的模特在拍攝 catalog 的時候，表情僵硬 pose 不會擺。在換衣服的時候，Yihru 假裝進去幫忙，然後立刻教模特記 pose。

還有，你覺得跟場很拉風？你試看看當經紀人，然後模特大遲到，現場全部人都盯著你看的時候，那個尷尬真的是難以形容。

三、**經紀人可以免費拿到很多東西，去很多 party，見到很多明星**。

見到明星倒是真的，但很偶爾，想追星你應該去做藝人或演員經紀人，而不是模特經紀。其實很多經紀人討厭去活動，那等於是我們在加班，哪個打工人喜歡加班？拿到免費的東西是有，那是所剩無幾的經紀人福利，但不是每家公司都有。比如有些經紀公司不常跟 PR 公司打交道，那種公司很少會有 PR kit 進來。

四、**經紀人就是打打電話、聊聊天、回回 email，錢很好賺**。

哈哈哈，對啊，那太空員也只是在月球上走走路而已，聽起來多輕鬆，不是嗎？每一份工作都辛苦，就如模特這份工作，很多人也只看到他光鮮亮麗的那一面，看不到美麗畫面背後的付出。

經紀人是電話不離身不關機的，即使是重要日子。結婚也好，生小孩也好，生病也好，都是 standby 的。工作不會在離開公司的那一刻結束，什麼狀況都可能發生，比如說模特遲到、模特到現場生病需要及時找人頂替、廠商心血來潮第二天要做試鏡、美國的 casting agent 有劇本突然想起來你家有女生適合、模特中 Covid 無法開工等等。每一天都有事情要處理，你把「打打電話、聊聊天、回回 email」乘以一百，就是這個量，簡不簡單啊？☺

除了電話上處理事務之外，還有很多其他的工作，比如看合約、做模卡、拍 casting。我們家的再辛苦一點，有時候還要幫忙拍 IG 照或 TikTok，還要跟場，有時候有國外的工作，經紀人還要跟著一起飛過去。

我在這十五年接觸過世界各地、各式各樣的經紀人，打工仔的也有，老闆級的也有。有一些比較新的公司，剛開始只是單純幫忙朋友接過一些工作。賺到一些錢之後，就覺得其實經紀人不難做，便開了經紀公司簽了一堆人，跟別人說了一些有龍有鳳的話。然後有天新鮮感過去了，或是覺得比他們想像中難，就結業不玩了。結業就算了，還有一些公司是憑空消失，惡性結業的。

也有一些人，覺得當模特經紀公司老闆很威風，打著這個title，去推高自己的身價，把自己經營得有聲有色。對他們來說，旗下的模特就只是掛在網站上的一個大頭照，不關他們的事。也有一班人，掛羊頭賣狗肉，爲了賺取佣金而跟夜間場所合作，每帶一名模特去，可以獲得新幣XXX。模特去慣了這些場所，因爲熬夜喝酒而皮膚變差、身材走樣接不了工作，或者是交了有錢的男朋友開始罔顧事業。這種人簽誰就是毀了誰。

身爲一個很愛這個行業的人，看了眞的很氣。

希望大家多多瞭解經紀人的工作，確定這眞的是你想做的事才入行啊。

經紀人不難做，但要做一名好的經紀人，除了對這行要有熱忱、對工作要有責任感、抗壓力要夠強，最重要的還要有良心。別人把自己的夢想託付到你手上，你的一念之差，影響的有時候是別人的一生。

圖 1、2：公司成立五週年，與同事、模特合影。

圖 3：經紀人團隊和國際模特 Fiona Fussi 合影。

1
2 | 3

輯三

想當模特
的
看這裡

33｜想長長久久當模特最緊要的就是

……態度好。

當然前提是，你的外貌、身高和三圍都符合標準。

我覺得很多人都忘了，modelling 是個人與人交流很大很廣的一個行業。你要有工作，廠商一定要喜歡你，而且要不停地、長久地喜歡你。不是教你做人要假，也不是要你當個擦鞋仔。做這行的人，九十巴仙都是心思細膩的，誰是白蓮花，誰是綠茶，一眼就看穿了。

要比出衆、要比身材，一山還有一山高，只憑外表去留住 client 是個很危險的想法。這一行，沒有誰是無可取代的。長得差不多的兩個人，爲什麼要選你不是選他呢？如果無關價格，那就是廠商比較喜歡跟誰共事了。

眞誠地感謝、自動地打招呼、不遲到、不驕傲和不給大家添不必要的麻煩。就這五點，聽起來好像挺簡單的，不就是基本禮貌和做人之道嗎？我也覺得是基本的啊，為什麼那麼多人做不到呢？

我在做培訓的時候，最care的、盯得最緊的，就是訓練生的態度。有很多在我面前很乖的仔仔女女，轉個身卻對別的工作人員或者我團隊的人不禮貌。比如說有一次培訓，我們公司安排了訓練生到一家健身房進行體能訓練。有一位訓練生提前到，坐在接待處，健身房的其中一位員工就走過去問她是不是Basic的訓練生。那位女生當時不發一言，看了她一眼，指一指印有公司logo的包包，意思就是：「妳看不到這個嗎？」這種就是我無法忍受的態度，尤其是明打著公司招牌而擺出這個姿態。

這行很小，好的壞的很快會傳開，這種小故事常會傳到我耳裡。卽使外表多出衆、表現多好，態度不佳或者經常遲到的，我一概不留。

34 — 沒點熱忱幹不出來

Basic 剛開始的時候經營過 children division，後來才關掉。除了因爲我覺得小孩太難掌控、狀況太多、管理起來很頭痛，另外一個很大的原因就是，我目睹過好多小孩是被爸媽逼著上場的。尤其是我自己當了父母之後，遇著這種情況，感覺很不 okay。

我們其實很常收到家長的 email，說自己家小孩很可愛，都不怕生，或者總是遇到路人說自己小孩很適合拍廣告之類的，然後就想帶小孩試試看。這種心態我是理解的，但我想說的是：有時候小孩在普通家常照中表現蠻好的，但到了現場看到大鏡頭，看到會閃的燈光，整個會嚇到。有些家長可能試了幾次，發現小孩沒有很 enjoy 這樣子的環境，自然會打退堂鼓。

但也有一種家長，自己家的小孩拍過一、兩支廣告，覺得錢好賺，又可以在親朋戚友前 show off，已經不管小孩喜不喜歡，硬是幫小孩接廣告。我看過好幾次家長連哄帶騙，把小孩拐到試鏡地點。小孩不配合拍照，哭著說要回家時，媽媽黑著臉還開始動手打小孩說去拍，搞得現場的人眞的很尷尬。

如果不喜歡，勉強眞的全員痛苦。

所以我其實很不喜歡 street-scout，其實也是同樣的道理。我覺得如果眞心喜歡當模特，自然會上網去找門路。自主來參加試鏡的人，通常在培訓期間比較吃得起苦。他們知道自己想要什麼，所以願意捱。而不是因爲被別人吹捧著，你這麼高這麼漂亮、這麼帥，應該要去當模特，所以才去當模特。這種人進來培訓的時候很容易崩潰。

表演欲和表演天分有些人是與生俱來，有些人是後天開發。喜歡拍照的並不一定要當模特，但當模特的一定要喜歡拍照，不然眞的很痛苦。

模特這一行，如所有表演類的行業一樣，沒點熱忱眞的很難維持。

行內很多有經驗的人士對於沒有熱忱的模特很敏感，尤其是時尚掛的。一個眞心喜歡時裝、眞心喜歡拍照的人，會花時間心思去研究自己怎麼樣才能表演得更好，或者是什麼樣角度的自己更好看。所以在拍攝的時候，攝影師不怎麼需要指導，她們都能「丟出東西來」。這樣子的模特合作起來很舒服，每一次工作也令人期待。

沒有熱忱的模特就是得過且過，你叫他做什麼他就做什麼。她有的是外在條件，但內在是空的。遇到廣告工作還好，反正有指定動作。但如果是雜誌或者是時尚大片，她們現場的表現就會很空，技巧準備功夫不足。

我也遇過很多外模，離鄉背井純粹爲了掙錢養家，照片出來好不好看她不 care，也不是很在乎事業能走多遠。他們見步行步，每天手上實際拿到的錢比較重要。但這也是一種熱忱啊，就是對金錢的熱忱，以前，模特這個行業給很多人的印象是趁年輕去做，不然過了某一個年齡就不行了。到我們這個年代，模特這個行業已經大大改變了，很多模特其實可以從十四歲一直表演到八十歲。就看模特本身有沒有那個熱忱去熬，搞不好什麼時候熬著熬著就熬出一個春天來了呢。

Chanel 有一位常駐的 fitting model——Amanda Sanchez，她就是一個很好的例子。二十年前她跑到巴黎參與了 Chanel 的 Haute Couture 試鏡，結果選上了不露臉也不出名的 fitting model，一做就做了二十年。結果二十年後，竟然給她熬出春天來了，Chanel 終於選上她去拍時尚大片。

有得選的話，當然選一份自己喜歡又可以賺錢的工作，這是最理想的。每個職業都辛苦，模特也是，經紀人也是。只是模特臺面上太光鮮亮麗，有時候身在其中的人也會忘了，這就是一份職業，吃苦也是這份工作的一部分。敬業，樂業。

經紀人與衆大馬模特合照。Photographer: Raymond Pung

35 罵死我都要再說一次——尊重行規的道理你們懂不懂

近年來開始流行 diversity、inclusivity 之說，這西方的想法就是，誰都能當模特。如果當不上，就是不接納他們外表的人的錯。

IG 有一個很有名、專門爲模特發聲的 Instagram account——Shit Model Management。在她還沒有爆紅的時候，我就關注了。那裡有一些蠻好笑的 meme，主要就是分享模特的甘苦談。她自稱是一名長期在歐洲工作的退休女模特（我強烈懷疑應該還沒退休），開始得到很多模特和行內人士的關注後，開始公審行內一些專業人士的不當行爲，比如說不平等待遇、對模特不尊重和性騷擾等的，因此得到模特行業的「whistleblower」這個稱號。

二〇一八年，她發表過一連串的 IG stories，整理了這些年她的 followers 發給她的 DM 裡最多人投訴和最多人稱讚的經紀公司，而 Basic 被列在 good agencies 裡（當時好像沒有別的新加坡公司被列入……謝謝大家的投票）。重點是這個列表發布了幾天後，她又share了一個IG story，內容是美國某間知名經紀公司發給mother agency和model們的email截圖。

內容是某家知名的經紀公司發給全部母經紀的電郵截圖，電郵裡提到即將要放聖誕假了，希望母經紀們提醒一下模特不要玩得太high，吃得太放肆，因爲過年後立馬就是紐約時裝週，模特如果想要接到show的話，身材一定要保持在最佳狀態。電郵結尾還溫馨提示說，聖誕假過後模特要回去公司拍比基尼試鏡照。

這篇IG story發了之後，行內當然就是很多模特跳出來罵說，這間經紀公司怎麼那麼沒人性，故意提起開年要做比基尼試鏡照，根本就是變相地威脅如果模特身材走樣，就接不到「紐約時裝週」。

還去人肉搜索發這個電郵的經紀人，那個經紀人自己胖到身材走樣，爲什麼她就可以enjoy，模特就不行？又說，就是因爲她們這些人，所以才會有那麼多模特有eating disorder」。

那一個月好多個模特都出片，分享自己eating disorder的心路歷程。後來當然炒了一大波的新聞，訪問了這家經紀公司、那家經紀公司，然後我也被採訪了。

訪問結束，那位媒體朋友說，這篇訪問如果真的放出去，妳會被人罵死，妳確定妳ok嗎？

我真的很確定。

我確定到自己出書都要再講一遍。

整個電郵沒有一句提到模特不能吃、不能玩。她只是以「幫你接工作的人」的角度，提醒一下「想要接工作的人」，你的狀態會影響到工作量。有一萬種可以保持身材的方法，比如說健身，比如說 intermittent fasting[2]，比如說食物分量減少，依然可以party，依然可以過聖誕節。

每個行業有它的規矩和門檻，當運動員的有，當律師的有，當個跑腿的都有，那當模特當然也有。

門檻定義的是，你需要具備什麼樣的條件，才能勝任這份工作。

當運動員的要有好體力。

1 進食障礙。

2 間歇性斷食。

當律師的考好 bar test。

當個跑腿的起碼要有腿吧。

模特最基本的就是外表身材，你如果沒有達到外表和身材的最低門檻，那麻煩你去準備準備，才來應徵工作。怎麼會倒過來要求別人把門檻降低呢，你怎麼好意思呢？

你該有的都沒有，你該準備的沒準備好，我不請你，我還有錯了？

想當模特又不想下功夫來迎合這行的規矩，這根本就是對模特這份工作不尊重。既然那麼不尊重這份工作，就別來當。

模特這份工作是誰都能當的嗎？不是啊。

先從外貌條件說起。爲什麼大家都想當模特？因爲小時候看 Victoria's Secret 模特一個個臉蛋漂亮身材好？因爲看劉雯拍的 Chanel 廣告很貴氣？因爲時裝秀一個個走得很拉風？妳想成爲她，妳想跟她一樣漂亮、身材好、貴氣又拉風，所以才想當模特，所以才會有那麼多勵志的故事。什麼肉肉女想當模特而去努力瘦身、成功並健康地瘦下來的模特那麼多，我們家 **Aimee Cheng-Bradshaw** 就是一個。她在 National TV - *Asia's Next Top Model* 當中給設計師羞辱說她懶惰沒有維持身材，所以褲子拉鏈拉不上，結果呢？她也沒去怨天尤人啊，就是好好健身，改變飲食習慣，然後成功在三個月內達到國際時尚模特的標準。

經紀公司在過節前溫馨提示大家不要吃得太放肆，免得隔月紐約時裝週接不到工作。身爲經紀公司，不去溫馨提示一下，難道等隔月大家一個 show 都拿不到的時候抱著一起哭嗎？

同時，也有一堆人出來說，就是因爲廣告、雜誌中的模特身材很瘦，所以才害這些小女生有樣學樣，步入 extreme dieting。罵著罵著，變成瘦的女生都有病，肉肉的女生，甚至是兩百公斤的，才應該是新時代的模特代表。如果不接受大尺碼的女生當模特，那就是 body shaming。

這什麼歪理？

有些女生眞的就是天生不長肉，不是故意減肥或是身體不健康，而且怎麼著？太瘦的模特是不健康的一種代表，那兩百多公斤的模特們就健康了嗎？不是吧。

去批判太瘦的女生不漂亮，那不也是 body shaming 嗎？

我們公司一年一度的 open casting，見過的人很多，被拒絕的人也很多，然後到我的社交媒體匿名留惡言的當然也不少。最常給人罵的就是，我有眼不識泰山，我膚淺，我只挑身材好、皮膚好的人來簽。

不然呢？我專挑不好的來簽，我是有病嗎我？

想當模特，身材管理、皮膚管理，本來就不輕鬆啊，錢哪有那麼好賺。
想餐餐吃得飽，喝酒喝到吐，轟趴遲睡不保養，可以。
別當模特。

36 ─ 模特的崩潰只在一瞬間

當模特壓力很大的。

我家的模特們很喜歡跟我發牢騷，我有時候聽著聽著自己壓力都來了。其實最大的根源在於，不安。尤其是在國外工作的時候，schedule 完全被當地經紀公司掌控，可能下一秒一個電話來，就得飛去另一個城市工作。當地的經紀公司對外模一般都很冷漠，大多數在模特抵達的第一天就安排工作或試鏡，不太會管模特是不是要調時差，或者是識不識路。碰到歐洲時裝週，每天行程排上十幾個試鏡，錯過一個都不行。同時，也有模特提過，有時候從早上八點就開始跑 casting，午餐都不敢到餐廳吃飯，怕點了餐上菜太慢，會錯過試鏡時間。

另外的一個壓力點在於經濟。模特的工作今天不知明日事，只有很頂尖的模特行程才會排滿檔，其他一般的模特工作都是零散的。有時候忙起來一整個禮拜都有拍攝，接下去的那兩週又完全沒動靜，這些都是日常。但房租、水電、交通費和電話費，每個月都得繳啊。模特的立場是蠻被動的（當然也可以轉被動爲主動，之後文章會提到），無法自己掌控工作量。如果家裡經濟狀態不好，或是家人不支持，其實蠻容易崩潰。

這些壓力，有時候一個不小心就把人壓垮了，沒點抗壓力眞的不行。

我是這兩三年才開始認眞去看待 models mental health 這件事。不是因爲大家流行，而是我常常遇到模特崩潰的狀況。

有一位馬來西亞的女模本來買好車票要來新加坡，前一晚還在正常溝通發簡訊，但第二天一大清早，她打來哽咽著說她上不了車。她有點語無倫次地說，她突然 anxiety attack，在正要上巴士來新加坡之前。她可能是想到又要回來新加坡打拚，感受到壓力了。

有女模剛到 fashion week 的第一季，壓力大到月經都停了。還有些女模外表看似沒事，但開始脫髮，種種跡象都指向她們心理素質扛不住，身體都開始抗議了。

公司有很多女生在大學時期選修心理學，其中一位就是 Aimee Cheng-Bradshaw，畢業於倫敦的 Kings College，還是 Dean's List 畢業。另外一位是 Sherena Ng，我第一位送去日本工作的新加坡模特，現在已經是持牌的心理醫生。

這兩位除了懂心理學，最重要的是她們自己本身也是很成功的模特，她們比我更懂得模特每天所面對的種種挑戰和壓力。所以在二〇一八年開始，我們在培訓加入了 mental health 的課程，希望能提供新晉模特關於這方面的認識。當然這不可能完全提升他們的抗壓能力，但起碼讓他們瞭解在什麼時間點需要求救，或怎麼自救。

37 誰都能當模特……嗎？

答案是NO。我每次看到一些打著「這個世代，誰都能是模特！」口號招生的經紀公司，都覺得莫名其妙。

要當模特，要當什麼樣的模特，這些都是有要求的。雖然有些市場的requirements有所變動，包括三圍放寬了，身高要求降低了，但模特不只是三圍和身高打個勾就能當的。

以下我盡可能把我想到的所有分類列出，大家看看哪些你們最能夠符合。

先此聲明模特分類沒有誰比較高尚，誰比較低等之分，我只是把比較普遍的類型放前面：

一、Fashion Model 時裝模特

二、Runway Model 走秀模特

三、Print Model 平面模特
四、Commercial Model 廣告模特
五、Event Model 活動模特
六、Parts Model 部位模特
七、Fitting Model 定裝模特

這七類主要是根據身高與工作性質來分，以一個超級簡單的 table，你們看看你最接近哪幾款：

類別／限制	時裝	走秀	平面	廣告	活動	部位	定裝
身　高		○			○		○
三　圍	○	○					○
年　齡					○		
外　表	○	○	○	○	○		
社交媒體	○	○	○		○		

解釋一下限制這東西：

身高——是否有一定的身高要求？

三圍——是否有一定的三圍要求？

年齡——是否一定要年齡規定？

外表——是否要符合廠商的審美？

社交媒體——是否要有活躍的社交媒體或一定數字的 follower？

一、**時裝模特**。

時裝模特是全能性模特，能夠接下任何與時裝有關的工作，包括時尚大片、雜誌、時裝秀和電商目錄等。身爲時裝模特，最重要的是表演能力要夠強，要清楚瞭解每一件衣服該怎麼呈現，精準地把服裝最好的那一面展現出來。

有些設計師還是對身高有所要求，尤其是歐美國家的，他們的衣服長度都是根據一般歐洲人的身高設計的。但基本上，如果設計師看對眼，覺得跟自家品牌風格很 match，那身高就沒那麼關鍵了。

二、**走秀模特**。

不一定每一個時裝模特都要走秀，有些模特專門走秀而不接其他（或接不了）工作。

走秀模特當然就是臺步要熟練，要懂得不同風格的 catwalk，像是婚紗秀和珠寶秀的表演方法跟一般的秀非常不一樣。

除了時裝週，其實一年下來還是有很多不同的工作需要專業走秀模特，比如 trunk show、mall shows、設計學院的畢業展、品牌的 VIP presentation 和珠寶秀等。

每個市場的身高標準或多或少有點不同。歐美國家要求女生身高一七五至一八四厘米，巴黎則要求身高一七八至一八四厘米；男生的話，身高則要求一八八厘米以上。但是在亞洲，女生身高要求一七〇厘米以上，男生身高則要求一八〇厘米以上，但有些東南亞地區，男生身高一七八厘米是可以接受的。

三圍方面（不包括 plus size division，以下提供的是一般設計師的要求，有意見去罵設計師哈），歐美國家要求女生臀部八十六至九十厘米。男生的話，則要求胸圍不超過三十六寸。亞洲一般標準會要求女生臀部三十四至三十七寸，胸圍較小爲佳。男生的話，則要求胸圍三十四至三十七寸，臀部視身材比例。

三、平面模特。

現在市場平面模特除了拍廣告，大部分時間就是拍電商的 catalog 和 lookbook。有些品牌喜歡做直播，直播一般聘用的模特不能太時尚掛，就是普羅大眾要看得懂的美和帥，身高和三圍最好也是比較接近一般民衆。女生身高會要求一六〇厘米以上（但是日本好像一五八厘米以上就行），三圍的話，胸部不能太大，臀部不超過三十七寸；男生身高的話，則要求一七六厘米以上，三圍的話，胸圍則不能太大。

四、廣告模特。

如果一家經紀公司跟你說，誰都能當模特，他家應該主要就是在接廣告的。

能符合大多數的廣告的模特，最重要的除了笑得好看，其次就是能夠聽得懂指示，表演出導演想要看到的效果。廣告是不能自由發揮的，無論是平面廣告或電視廣告，最後的成品是什麼樣子的，都會提早經過品牌的批准。現場一定會有導演跟你說，你要做什麼、怎麼笑、怎麼走和說什麼臺詞等，照著指令做就對了。當然，如果有接受過表演訓練的，在廣告的拍攝過程中，或者在廣告試鏡的時候，都會比較容易明白要求和達到要求。

廣告會用到各式各樣的人，視乎storyboard的要求。下至幾個月大的嬰兒，上至八十幾歲的老太太，都有可能拍廣告。如果有好的皮膚，沒有暗瘡或疤痕，比較不影響上鏡的視覺感，因爲電視廣告沒得修片。偶爾有廣告商需要一些比較特別的技能，比如說跳水啊、跳舞啊、做瑜伽、踩滑板，或者是找特別肥胖的人士、雙胞胎等。什麼都是有可能的，但頻率不會很高。

專業的廣告模特其實比一般的時裝模特更賺錢，而且可以兼職，不一定要全職。廣告模特的年齡範圍也更廣，還有男生的廣告模特越來越值錢。比如房地產和銀行，這些預算比較高的廠商很常用三十歲到五十歲的男人扮演成功人士，當然酬勞方面也會比較高。

五、活動模特。

疫情過後，我就沒接觸過活動模特，所以這只能根據疫情前規定。活動模特的工作主要是在公開與非公開的品牌活動去接觸到訪者，可能是公司尾牙門口做接待，或者是飲料發布會派送飲料給現場到訪者，或者在車展跟車子擺pose。外表不用太時尚，順眼就行，最重要的是個性要夠開朗，要夠親民。在新加坡來說最好是能夠雙語溝通。女生身高會要求一六三至一七五厘米（活動模特反而不喜歡太高個子，給人感覺有距離感）。男生身高則會要求一七〇至一八五厘米。

六、部位模特。

部位模特主要是拍身體的某一個部位。比如在護膚產品的廣告中，裡面撫摸雙手的那雙手，有時候不是主要模特本人的手。意思是，拍臉和拍全身的是模特A，拍手的是模特B。或者是拍洗髮水廣告，有時候會專門請髮質很好的頭髮模特來代替，這些模特的部位都是經過特別保養的。最常拍到的部位分別是手、鼻子以下到脖子、頭髮和腳。偶爾還有拉背的，就是有些明星很忙，有些廣告需要試燈光的時候，會找個跟明星差不多身高身材的替身去現場 stand in，那種也算是部位模特。除了部位要保養得好之外，跟廣告模特一樣，就是一定要聽得懂指令，懂得怎麼去呈現導演要的樣子。

七、定裝模特。

在設計每一季的 collection 的時候，設計師以及他的團隊需要知道布料在人身上移動的感覺和視覺是什麼樣子的。這個時候就會聘請定裝模特，統稱 fitting model。

Fitting model 的工作時間可長可短，一旦僱用了一名 fitting model，設計師通常不喜歡換另外一位。因爲就算是身材身高一樣，每個人的身材比例或多或少還是會不同。Fitting model 的收入蠻穩定的，比如在歐洲有些 fashion house 會固定 book 好幾名模特做 fitting，一 book 就是一個月左右，好像上班一樣，朝九晚五。

雖然穩定，但很辛苦。Fitting model 在工作的時候，需要長時間站著，任由設計師和團隊把布料或衣服披在他們身上，然後扎針，很常會被針扎到。而且這份工作的曝光率是零，唯一可取的是，希望能在工作過程中得到設計師的青睞，獲得走秀或拍攝的機會。

38 如何挑選一家適合你的經紀公司

選公司就像是選老公一樣，要慎選對象。結婚容易離婚難。一不小心挑到個錯的，浪費青春又浪費精神，想分手的後續手續多又煩。

選公司要看的不只是公司好不好，而是公司適不適合你。如果你手上已經有幾家公司的 offer，正愁著不知道要簽哪一家，以下是你在挑選經紀公司的時候，應該考慮的幾點。

一、連鎖公司 vs. 大牌公司 vs. 小公司（Boutique Agency）

很多新手模特在選擇公司的時候，往往都是偏向於簽大公司和連鎖公司，覺得工作量一定有保障。其實不一定，有時候大牌的內部競爭大，尤其是旗下已經有超模的。一般牌子進來會先從超模選起，如果價錢太貴預算不夠，才去看旗下其他的模特。所以大公司不怎麼會推新模，寧可依賴超模或資深模特去賺取更高的佣金。

當然不是全部公司都是這樣，也有大牌公司很有耐心地去 groom models。前提是團隊必須十分 buy 你的 look，對你日後的發展非常有信心，覺得你符合客戶需求和市場需求，一定會爆紅。那他們就會很願意去栽培你，去 push 你。

小公司（boutique agency）也不一定不好，他們手上的模特比較少，比較能夠 focus 在推那幾位模特。我有遇過幾間現在做得很好的公司，都是從 boutique 做起的。我也試過把模特放在大公司，完全看不到成績。而且因爲相比之下，他們跟公司其他的超模等級差太遠，接到的都是一些超模們不想做的工作，感覺上好像公司不怎麼花心思去把她的事業做起來。後來換去小公司，反倒是接了不少大牌的工作。

二、Model Agency 還是 Mother Agency

在深入瞭解其他事宜之前，你必須要搞清楚你想要的幫助是什麼。如果你純粹只是想在自己的國家接工作，那你需要的是 model agency，基本上去網上 google 國家名稱和 model agency（例如：Singapore Model Agency, Milan Model Agency 等），就會有一堆列出來。

如果你想要的是到國外發展，那你需要的是 mother agency，mother agency 擁有不同國家的經紀公司聯絡，熟知哪個市場適合你去工作。

有一種 mother agency 是 one-man agency，通常由前模特，或者是現任模特經營的，他們不一定有固定的辦公室（因爲他們自己本身也是到處在做 placement 啊），所有的聯繫都是靠 online。有些模特可能從簽約到眞的做 placement，都未必會見過經營者本人。這種 one-man agency 不一定差，也有做得不錯的，他們就是在 IG 或 TikTok 做 scouting，或者是模特圈裡的朋友介紹認識的，人脈很廣。但公司資金一般不穩定，可能沒辦法幫模特處理金錢上的問題，比如說出國的機票和住宿等。強項在於，他們自己也是模特，所以會有很多模特圈內的小道消息，包括每一間公司的工作習慣啊，錢給得準不準時啊等等。

有些 model agency 會固定跟一兩間 mother agency 合作，如果在當地發掘到不錯的模特，他們會推薦給那一兩間 mother agency，但他們自己本身是不負責國外發展的。

不是每一間公司都跟 Basic 一樣，一條龍包到完。建議無法加入 Basic 的朋友們，尤其是剛入行想試試看的朋友們，先從 model agency 開始，等 portfolio 比較成熟，自己也比較確定方向之後才去找 mother agency。

三、**工作類別**。

有些經紀公司很全面，時裝、廣告、走秀，各種類型的工作都有，有些經紀公司則是專做廣告和活動，這種經紀公司我們一般稱爲 talent agency。Talent agency 通常代表的模特年齡層會較廣、比較多，身高和三圍也不會抓得那麼嚴。

在決定簽約之前，建議新模去仔細觀察經紀公司的社交平臺，他們一般分享的是什麼樣的工作照，是活動的嗎？還是雜誌的？一個時尚臉如果簽到 talent agency，那麼要接到工作太難了。同樣的，身高不夠高的女生在 fashion agency 裡也會比較吃虧，因爲 fashion 的工作大部分還是挺看身高的。所以這方面要好好地打探清楚。

四、旗下的模特類型。

每家公司其實或多或少會有一個 vibe，比如像我們公司，相熟的廠商或是圈內人，有時候看到某些女生男生，會很自動自覺地推薦給我，然後說：「這是你們家的臉耶。」這跟五官不一定有直接關聯，有時候就是一個感覺。

倫敦有一家叫做 Ugly Models，他們就眞的是做各種長得比較奇特的臉孔，比如說耳朵特別大，或者鼻子特別大、或者是頭型很奇怪等等。如果你是長得甜美或端莊的女生，加入這家公司得到工作的可能性也許偏低，因爲品牌會找他們，都是以所謂的「怪臉」去的。

還有很矛盾的一點是，如果公司旗下已經有跟你長得很像的模特，很多公司會再三考慮，因爲兩個模特會「撞」。這裡的撞指的是工作，兩個長得太像的模特放在同公司，比較新的那一位可能資歷不夠豐富，得到的工作不多，或者比較資深的那一位工作量也會被分薄，反正對模特對公司都挺冒險的。

撞型還行，但要看撞的點在哪兒。比如說我們家有幾位女生都是齊瀏海黑直髮，但各有各特色，每一位的工作量都是足夠的，這代表公司的客源就是喜歡這一型的模特。所以即使撞型了，影響也不大，甚至有時候是有幫助的，比如說要拍雙人照，需要兩個長得相像的模特的時候，就會派上用場，或者是有一位不舒服需要找人頂替，那差不多型的女模就能頂上。

如果公司旗下撞型的那位模特本身就很難推的話，那公司會比較卻步，已經有一位難推的了，眞的要再加一位挑戰者嗎？建議先去看看公司旗下有哪幾位模特，看看他們發展得如何，如果發展得不怎麼樣，可能代表這家公司不是很懂得推廣這種臉，或者是公司現在有的廠商裡對這種臉不感冒。

五、團隊們什麼來頭。

我覺得非常需要教育大家一件事：公司只是一個殼，重要的是裡頭工作的人。有些公司，談合約的人和眞正跟你接工作的人是不一樣的。我覺得十分需要知道團隊裡面都是什麼樣的人，見個面也好，或者上網看看他們的 IG 或 google 他們的名字看有沒有出過什麼報導，偶爾會有一些頗爲驚人的發現。

如果一家公司轉換經紀人的頻率很高，那不是一個 safe sign，一定是公司經營或管理層出問題。

遇到很新、知名度比較低的公司，建議去看一下他們 head booker 和老闆的 profile，搞不好是從什麼大公司跳出來的，那他手上資源應該不會很差，可以考慮看看。

六、會拖帳嗎？

公司大不大、有不有錢、工作多不多，跟他會不會拖帳一毛錢關係都沒有。我遇過非常知名的泰國大公司，連幾百塊新幣的 commission 都拖了將近一年。一陣子說會計放假，一陣子說換了會計，一陣子說這週要轉帳了卻永遠都收不到錢，無止盡地拖。

有些公司出了名拖欠薪水，像馬來西亞有一間是慣犯了，拖欠的數額不大，但每次一拖就拖一年。這種小道消息眞的是 google 不到的，只能從熟人那裡打聽回來，祝你好運哈。

在簽約一家公司之前，記得要做功課。現在各公司在經營社交平臺都有下功夫，最起碼一定會有個 active 的 IG profile（如果他們的 IG profile 是 dead 的，我眞心覺得你可以把他從考慮名單裡踢掉）。

除了 feed 之外，你也可以到他們的 tagged photos 看一下，或者到他們旗下模特的 IG 觀察一下他們平日的生活怎麼樣、工作量多不多、工作忙不忙、有沒有吐槽公司的 post 等等。如果有認識的人在裡面當模特，或者有認識的人跟那家公司合作過，那問他們意見會是最方便和可信度比較高的。

39｜模特如何增加工作量

之前有提過，模特不一定要被動地等待被選擇。很多事情模特如果做到了，不只是幫忙經紀人更快幫你拿下工作，而且也有可能直接被品牌點名要求合作。

我在《Making of a Model》Season 2 進行 open casting 時有提過一點，就是現在的年輕人怎麼都不愛玩社交媒體了。事緣我和我同事 Yihru 在 open casting 期間，每次看到一個不錯的人選，點進去他們的 IG 和 TikTok，發現都是 dead 的，就是沒有 update，照片也寥寥無幾。

這幾年有一部分人開始發起抵制社交媒體的行動，我雖然也很不鼓勵太沉迷於社交媒體這一塊，但身爲經紀人，模特的社交媒體的「死活」，大大關係到有些工作接不接得成。

很多品牌方在選擇模特的時候，尤其是時尚大片，關係著一個季度的曝光率的那種大片，他們在選擇模特的時候是十分慎重的。很多時候除了參考經紀人發過去的 casting，就是點進去模特的社交媒體平臺，看她日常的穿著和打扮是不是跟品牌 match。這時候如果模特的 IG 是空的，那參考素材幾乎是零，萬一剛好競爭這份工作的另外一位模特社交媒體是活躍的，那眞的很吃虧。而且有時候，廠商不會特地跟經紀人提起，會默默地自己搜尋。

我的建議是，可以不要把社交媒體當作社交媒體來看待，對模特來說它其實就是另外一個宣傳平臺，讓你展示工作的技能和過往的作品。那以下這幾種 post，是一個模特 IG 應該有的：

一、**自拍照**。

素顏的，帶妝的，都行。所有廠商都愛看這類型的照片，最重要的是，不要過分修圖。

二、**工作照**。

最好就是每三個 post 裡面加一張工作照，它可以是你的作品，也可以是幕後花絮。廠商想要知道你的經驗到哪兒，或者是最近都有哪一些工作。如果是新人，這裡可以加入你的 testshoot 照片，讓廠商看到不同面貌的你。

三、OOTD。

很多時裝品牌很注重僱用的模特日常打扮如何，而且其實很多電商的 lookbook 和 catalog 就是走日常風的，這些照片應該要凸顯你的時尚度，加強廠商對你的印象。

四、生活照。

可以包括美食的照片啊，或者貓貓狗狗啊，或者健身的照片。如果整篇都是工作照就不太人性化了。建議可以加入有微笑的生活照，讓大家看到你的笑容，廠商如果有需要看到笑容的照片，通常都是看這些。

在香港與名模 Aimee Cheng-Bradshaw（左）及 Louise Arild（右）合影。

40 模特經紀約的五大重點

簽約是件大事，很多模特在獲得人生中的第一份合約的時候，往往因爲太 high 了，很多條約都沒有細看。除了代表的經紀公司很重要之外，還要瞭解合約會給你怎麼樣的約束，怎麼樣的待遇，還有最重要的一點——如果苗頭不對，怎麼退出——這些我做個整理。

一、期限。

通常在前兩頁，就是雙方（你和經紀公司）或三方（你、經紀公司和母經紀公司）的名字 declaration 之下會寫明合約期限。一般合約打底一年，也有二、三、五年制的。三年或以下算是最普遍的，五年或以上通常適用於有提供培訓的公司，或者同時經營影音娛樂工作類的公司。

這裡注意一下，有些合約上面只要打著「auto-renewal」這個詞，就代表是自動續約。即是說合約約滿了，只要雙方沒有人提出異議，合約將會自動延期，直到一方提出終止的要求爲止。這個 auto-renewal 有好有壞，好的就是方便，大家如果合作愉快，就不用每一次約滿都簽一份新的合約；壞的在於，如果你跟公司常有摩擦，或者是公司幫你接的工作不夠多你不滿意，你必須得提出終止才能解約。提出終止（termination）第五點會詳細講解。

二、**代表區域**。

代表區域就是公司能在哪幾個國家代表你，幫你安排工作等。通常如果是 placement contract（當地公司邀請你飛去他們國家，工作一至三個月），一般就會包含一個國家，或是一個城市。值得一提的是，香港公司的合約列出的區域通常都是包括中港台澳門，因爲來香港找模特的廠商通常都會從這幾個地方來。但實際上很多模特在這幾個國家都是分開簽公司的。卽使他們在香港簽約時，已經約好中港台澳，但基本上因爲香港公司很少會有跨國分公司（二〇一八年以前，還是有一些香港公司有廣州分行，後來經濟不好都收掉了），所以就算一個模特在台北或在上海簽了公司，香港公司都不怎麼會干涉的。

在歐洲呢，很多國家是分城市定區域的。比如說紐約和洛杉磯可以是兩間不一樣的公司，或者在德國、柏林和漢堡可以分開兩間公司。在亞洲區分城市為區域的例子有中國、日本（東京和大阪）、印尼（雅加達和 Surabaya）。

三、**佣金分配**。

經紀公司抽佣的巴仙率通常介於二十巴仙至五十巴仙不等，要看你在哪一個國家，還有你的 book 有多強。在米蘭，有些公司會有兩個抽佣制度，一般的工作抽五十巴仙，trunk show[1] 抽四十巴仙。原因是很多去米蘭的模特不喜歡做 trunk show，時間長、錢不多、而且沒照片。但偏偏 trunk show 是有些經紀公司的最大經濟來源，為了吸引模特去接受這些工作，所以公司會提出抽少一點的佣金。資深的，或者是有很強的 book 的模特比較有資本去爭取更好的抽佣分配，公司一般也會答應，比如說在 Models.com 名列前五十

---

1 專為顧客安排的，不公開的時裝表演。

名賺錢的模特，她們的 commission 是七十巴仙至八十巴仙，公司抽二十巴仙至三十巴仙，雖然公司抽的 percentage 比抽別的模特少，但這些 top models 的一單通常是很大的一筆數，所以還是劃算的。

四、花費列表 Expenses List

這裡指的是經紀公司將會幫你提前支付的花費有什麼。需要瞭解的是，你的收入，不只是扣掉經紀公司的佣金，還要扣掉經紀公司幫你提前支付的所有花費。

比如說，你在一間公司待滿三個月後，總收入是新幣一千，公司抽成是三十巴仙，公司幫你預支的花費總共是新幣兩百，那：

$1,000×70%（你的佣金）＝ $700

$700 − $200（公司預支的花費）＝ $500

那你的淨賺就是 $500。

問題是呢，很多合約上面其實沒有花費列表這一項，如果沒有，記得要問。通常就是一個 table chart，或者更簡單的 word document，一般經紀公司會提前支付的包括以下這些，我分別爲亞洲公司和歐美公司做個清單：

亞洲：

- ✓ 雙程來回飛機票
- ✓ 模特公寓（月算或週算、單人間或雙人間或四人間）
- ✓ 每週的零花錢
- ✓ 模卡
- ✓ 機場接送
- ✓ 車費（月結，適用於韓國、日本、台灣和中國。這些國家一般會僱用司機每天接送模特去試鏡和工作）
- ✓ 工作簽證費用
- ✓ 電話費（你也可以選擇自己買當地的 SIM card，有些經紀公司有提供電話線，每個月再把帳單的費用加在 statement 裡面）

歐美：

- ✓ 歐美出發的單程或雙程機票，很少會預付從亞洲出發的機票
- ✓ 模特公寓（日算或月算，單人間或雙人間）
- ✓ 每週的零花錢
- ✓ 模卡
- ✓ 機場接送
- ✓ 網站資料登記（這是我覺得很莫名的花費，明明就是公司的網站，宣傳模特應該列入公司的宣傳費，但歐美公司的確會把它算在你的帳裡）
- ✓ Paid testshoots（在亞洲拍 testshoot 都是免費的，但到歐洲很多 test 都是要付費的，尤其是很資深的攝影師）
- ✓ 工作簽證申請費用
- ✓ 司機（半天或全天的 booking，按需要出行，一般專門派給時裝週忙到爆炸的模特）。

五、退出條款 Termination Clause

這對我而言是最重要的一條，如果這一條太苛刻，無論整體合約多好我都不建議簽。相對的，如果整體合約你是覺得還好而已，但這一條對模特是寬鬆的，可以抱著試試看的態度簽約我覺得無妨。

這個是 exit clause，就是如果你想提早終止合約，你該多早之前給通知，需要賠償什麼，還有離開之後有沒有約束。這個退出條款一定要是雙方都能提出，而不是只有公司單方面能解你約，你卻不能。

比較苛刻的退出條款會偏向於保障公司，比如說，在離開後的一年內不能回到這個國家工作啦，或者不能跟別的經紀公司合作，或是完全不能提出終止合約的要求。

如果公司在你身上投資過錢，那肯定是要清帳才能離開，比如說機票啊，住宿啊，零花錢啊等等。終止合約的通知一般是一至六個月，在提出通知的這個期間，模特必須繼續爲公司工作，除非你跟公司私底下有別的協議。

建議新手模特在簽約之前找個熟知合約的朋友看看，如果有母經紀的，母經紀應該會幫忙把關，經濟上比較富裕的，可以找律師幫忙看看。

41 避雷區——如何不被經紀人討厭

經紀人眞的不會莫名其妙去討厭自己的模特，何必呢？都是要一起賺錢的好partner，不是嗎？但有些模特可能對這行太沒概念，總是做一些令經紀人炸毛的行爲，搞得經紀人每次想到要promote她之前，都會先三思。

一、**改變造型沒事先通知**。

即使你明知道通知了，我一定會說不準，你也得通知。像是剪頭髮、燙頭髮和染頭髮，反正就是任何髮型上的改變，一定要先跟公司溝通，確定沒問題了，才能去進行。尤其是去了試鏡之後，廠商一confirm我才知道頭髮剪得跟試鏡時完全不一樣。我很難交代啊，朋友。

還有紋身，說到紋身我也很想吐血。我不討厭紋身，但有紋身的模特確實在亞洲區的工作上會受影響，特別是紋在顯眼處，比如鎖骨、手、小腿和肩膀等。尤其是電商，一場拍攝下來最少都四十套衣服，一套衣服前後左右加一些pose，至少六至八張照片，如果每一套衣服都看得到這個紋身，四十套衣服要修兩百四十張照片。如果試鏡的時候已經看到了，廠商能接受，那還好。只怕沒有試鏡就confirm，現場給他來個「驚喜」。

改變造型代表的是什麼？

代表的是你現在的樣子跟你模卡和portfolio的樣子有出入了，公司又要安排testshoot去update，這是大工程啊。

另一項很令經紀人原地爆炸的造型改變就是綁牙，現在不是有隱形牙套嗎？眞的建議使用那種，對模特的工作幾乎沒有影響。

二、**遲到**。

先說是什麼等級的模特遲到吧。新人遲到是絕對無法容忍的，你是新人，別人都不知道你是誰，好不容易讓廠商有點勇氣聘用你，你的遲到證明了新人果然不專業。

已經出道一陣子的模特遲到——那更不能接受。你還不懂得一個人遲到，等於全體跟你一起浪費時間嗎？而且最後工作不超時就算了。超時的話，就算超時不是因爲你的遲到引起，廠商也會全怪在你的頭上。先別說你的 overtime fees 拿不到，公司不賠償其他工作人員的 overtime fees 都偷笑了。

三、該帶的沒帶。

到底一雙高跟鞋和一個裸色內衣有多重，你說。

有時候模特會覺得，上次去拍攝，帶的東西廠商都沒用到，這次的拍攝搞不好也是白帶，所以就不帶。然後就出事了。經紀人交代要帶的物件一定有原因的，一定就是廠商交代過，都講了，還不帶，那我講來幹嘛？

四、搞失蹤。

我最最最受不了這個。尤其是工作的當天或前一天，有些模特可能已經發生了一些狀況然後拖延症不想面對，也不敢告訴公司，直接關機或走飛行模式，眼不見爲淨。如果你老實交代，經紀人還知道要怎麼處理。生氣當然還是會生氣，但經紀人都是以先解決問題爲重，盡量保住模特和公司的利益和名譽。但如果模特直接消失，經紀人連什麼情況都搞不懂，怎麼去幫你扛？

五、戀愛腦。

大家都是女人，都經歷過情情愛愛，但我眞的不瞭解爲什麼模特總是會交上爛人當男朋友。這好像是定律，十個模特之中九個半的伴侶都是渣。好，算了。我不罵別人的兒子。

言歸正傳，談戀愛歸談戀愛，被戀愛衝昏頭只想二十四小時跟男友膩在一起，竟然還因爲男友而推掉工作、遲到和沒到。更誇張的是，因爲跟男友吵架還是分手，然後現場表演痛哭。經紀人也是人，我們也有情緒，但你在工作的時候就是不能讓情緒影響到，這是專業啊。

42｜Freelance Models vs. 簽約模特

很多男生和女生在還沒簽給公司之前，可能都因爲朋友的介紹，或者 IG 被品牌發掘而接到一些工作，進而開始對這一行產生興趣或者是認眞考慮嘗試模特這一塊。有些人第一直覺是想要簽公司，覺得經紀公司的資源比較穩定，待遇也會比較好。也有一些人覺得自己混得不錯，何必給經紀公司抽一筆。

我個人是偏向於經紀公司管理，但幫你們分析一下利與弊，大家參考一下：

一、**工作資源**。

公司資源比較廣：經紀公司接觸到的廠商品牌層面較廣，有些廠商是固定只跟經紀公司合作的，完全不會考慮 freelancer。如果 freelancer 本身是專做電商的，她可能接觸到的只有電商圈，要打進雜誌圈較難，甚至是廣告圈，可能會無從著手。

公司資源比較穩定：很多 freelancer 很被動，如果一開始是靠 IG 接工作，那沒人上門他就不知道要怎麼去找工作。當然也是有些 freelancer 很積極上 facebook group 去找工作，或者是出席活動（疫情前）去擴展社交圈。但再怎麼說，靠一個人的力量去 promote，還是很難比得上一個團隊的 promote。而且正常營運的經紀公司，每一天都有工作找上門，以工作量和穩定度來說絕對是公司比較強。

二、**工作待遇**。

公司會爭取福利：如果一份工作太早開工或結束得太晚，經紀公司一般都跟廠商收取交通費。還有一旦超過了約定好的工作時間，經紀公司將會收取加時費用。我試過拍廣告有一次超時十二小時，現場五名 freelancer 全部都沒 overtime，只有有經紀公司代表的模特才拿到 overtime fees。

有些廠商會覺得 freelancer 比較好說話，過去拜託兩句就行。的確，freelancer 很多時候因爲礙於情面或怕得罪人，很多福利都不敢開口爭取。有些製作公司也是挺欺負人的，在現場知道某些模特沒有經紀公司撐腰，很多應該給的福利都會蒙混過去。像 overtime fees、便當，或適當的休息時間，有些製作公司會仗著 freelancer 不懂行規，freelancer 自己不提，製作公司就會裝死。

三、酬勞。

freelance 不用抽成：亞洲很多市場的公司抽成介於二十五至四十巴仙之間，超過四十巴仙我都覺得是過分了，可以跳過去別家了。Freelance 的最大好處就是，如果直接跟廠商接洽工作的話不用被抽成，答應多少就是多少。但一般廠商在找 freelancer 的時候，其實已經把本來的預算只透露一半。市場的設定是 freelancer 的價錢可以比較低，所以常常會碰到一種狀況：freelancer 和經紀公司的模特到現場，兩人做一樣的事，一樣的角色一樣 screen time，但價錢相差一半。

四、太多合作的公司，反而會做爛自己的品牌。

Freelancer 常會把自己的 profile 發給很多間經紀公司，覺得越多公司代表他，工作會越多。這個撒網原理是對的，但在我們這行也是隱藏著很大的弊。比如說，我是廠商，我有一個廣告要拍，我會把廣告需求發散給幾家經紀公司，再由他們 present 的模卡當中做挑選。如果在幾家發來的模卡當中都看到同一位模特，而我也很滿意這位模特，那我將進行談價，最後當然就是跟開價最低的經紀公司 book 這位模特。對廠商來說這是優勢，但對模特來說，他等於是把本來屬於他的那份工作以最低價拿下。

一部廣告除了拍攝時間長短，產品類型，品牌（開架的還是專櫃的，國際的還是本地的），廣告使用權限（在哪個地區播放，什麼媒體平臺，播放多久），這些都是決定價碼的因素。有些產品像家電，手機，電信局，銀行等，通常拍過一家，一年到三年之內另外一家都不會僱用同一名模特。

有些經紀公司手上是沒有簽約模特，他們接工作的時候就是看價碼，不會太關注細節，而且反正 freelancer 也不是專屬於他們公司，他們對於 freelancer 的事業規劃不用負責任，只要專注於短期內能賺取多少佣金就行了。

Freelancer 如果出道的時候一開始就跟這種經紀公司一起，可能剛開始的時候會接很多廣告，但到了某一個階段，曝光率過高，每一種類型的廣告都拍過了，之後想要接廣告可能就難了。

五、表演以外的工作。

除了接洽工作，經紀公司幫忙處理的事情其實還很多，包括打理 portfolio、做模卡、開單、管帳，廠商拖欠酬勞的時候還要負責追債。Freelancer 在前線表演之外，需要自己一個人搞定這些事。工作量少的時候，還可以應付；如果忙起來，工作結束後還要回家弄這堆才能休息，那眞的很累。

結論是，身爲一個經紀人我當然是偏向於公司這個選項，除了以上列出的參考因素，有時候公司就是個品牌，會幫助模特提高身價。但是呢，有些國家或市場，的確是freelancer 會做得比較好。比如說馬來西亞，本地經紀公司注重引入外模，帶外模是很花錢的投資，所以有工作當然也是先推外模，自己公司就算有國模也不太 focus 去推。很多國模就這樣被鎖死了，不能自己外接工作，公司帶來的工作又不夠。

再來就是馬來西亞的 freelance model 很多，很多品牌和廠商已經習慣跟 freelancer 工作，價錢好談是第一。第二，就是很多 freelancer 工作態度都很好，長期合作下來反而比跟外模合作更令人放心。

所以如果是已經打滾一陣子，很有市場需求、很資深和不太怕得罪人的freelancer，其實還是可以自己試試看管理自己。但真的很累就對了。

43 什麼時候應該說 NO

有一次，一位男模深夜發來了一段截圖，某位國際知名的大攝影師在工作結束後加了他IG，私訊他說想找他拍一輯全裸的寫真集。男模說公司不讓拍全裸，攝影師便說公司太短見了，還說男模如果要去歐洲發展都必須得拍全裸，不然紅不了。同時，他還信誓旦旦地說，如果男模拍了，之後去X國拍某國際品牌的campaign時，可以推薦他。

我回男模說：「去他媽的，什麼年代了，還用這招騙人拍裸照。」

這個年代要紅真的不一定靠脫，而且靠脫而紅的也不一定能拍campaign。但很多的模特並不清楚這件事，但凡一個稍微有知名度的行內人說一句：「你脫才夠international」，大家就信了，再不願意也脫了。

我的媽。

你看現在線上的大咖模特誰是靠脫成名的？沒有嘛。有時候好好的一個行業給這些人渣搞髒了。

我們這行太多灰色地帶，每個市場又有不同的玩法，有時候模特對一個新市場的規矩不熟悉，只能依賴行內所謂的前輩們指引。但說眞的，這行跟所有的行業一樣，有熱心人士，自然也有變態。所以我常說 **mother agency** 很重要，跟公司溝通很重要，因爲公司會幫忙把關，跟你說什麼是正常範圍之內，什麼是荒謬的。當然也有不太負責任的公司，有時候因爲利益權衡下，覺得模特吃點虧不要緊，賺錢比較重要，客戶比較重要。

所以我爲什麼很注重培訓這一點。太多的模特自己混著混著才摸懂這一行是怎麼一回事，一定是吃過虧，一定是碰過壁。我每次跟模特聊天，說你爲什麼這麼傻，別人叫你做你就做，明明不合理的，你可以拒絕，爲什麼不開口？最常得到的回應就是，我不知道能不能拒絕。

我的媽呀，妹妹弟弟們啊。做好自己的本分很重要，但保護好自己才是長久之計。什麼情況下模特可以 say no 呢？以下是幾種情況和解決辦法：

一、**在做妝髮的時候，化妝師或髮型師要剪頭髮**。

即使是修剪瀏海，你也必須立刻制止他，並且跟他說，更改髮型這件事必須得先徵求公司同意，然後立刻發訊息或打電話給經紀人處理。有時候這個更改，經紀公司是可以收錢的。而且如果你在這次拍攝之前，去了別的試鏡，在試鏡成績還沒公布之前擅自改了髮型，到時候另外一份工作確定的時候，你的新髮型如果那個廠商不滿意，工作可能就沒了。基本上任何 permanent 的更改，包括漂白眉毛、剃眉毛或髮鬢，這些廠商都需要事先通知公司，公司和模特絕對有權力拒絕。

二、拍攝時候要求脫掉胸罩，僅能用手遮或用衣服遮。

這個廠商或者攝影師一定要事先通知經紀公司，並且取得同意（經紀公司也必須先問過妳），在大家都知情的情況下才能進行這場拍攝。年齡還未滿十六歲或十八歲的模特（視乎妳在哪一個國家）是不能拍這種照片的。如果是臨時被通知，妳絕對有權力說 NO。脫掉胸罩，穿著衣服，但兩點不露是蠻常發生的事，尤其是拍雜誌或風格很強烈的 lookbook 的時候，但同樣要提前通知。如果 testshoot 要求妳做這個，妳完全可以提議改成裡面搭一個 bra 來拍。

三、被要求拍裸背照，只貼胸貼。

沐浴露、身體乳、洗髮精、美容中心和按摩中心等的那一類廣告經常需要模特裸背，這是正常且合理的。有些廠商其實允許模特穿一件很短的白色或裸色的小可愛，之後再 P

圖P掉。但記得這個一定要提前通知，模特自己在接這類型的工作的時候，應該要問清楚。

四、飯局。

這裡的飯局指的是公司安排模特去跟廠商吃飯。這在某些亞洲地區是一種風氣。我也遇過很多經紀人大條道理跟我說，眞的只是吃飯，讓廠商跟模特之間增進感情（我覺得是bullshit），但在我們家這個是絕對不被允許的。吃飯能看出什麼才能？想增進感情在拍攝現場慢慢聊，飯局免了。

如果是模特和廠商，或者工作人員在拍攝之後自己聚餐那是完全不一樣的concept，那個是自主性的，模特想去可以去。

44｜該解約嗎？五大問題先問問自己

很多模特跟公司稍微有點不愉快就想解約，也有些模特撐到合約期滿，抱著怨氣離巢。我其實在 open casting 跟很多曾經簽過別的公司，或者是有合約在身、騎驢找馬的模特見面。後者我通常很不歡迎，我覺得在合約未滿之前來找下家是一件很不尊重前公司的舉動，這樣子的人我也不敢簽。

以客觀的態度去看，有時候很多來找我的模特跟前公司的問題其實溝通就能解決了，不知道爲什麼就是 leave it hanging，結果活生生浪費了大好的青春在等待奇跡發生。

我是個很討厭浪費時間的人，無論是我的，或者是別人的。所以一般只要我覺得苗頭不對，或者稍微有點志不同道不合，可以坐下來溝通解決最好，如果解決不了我會提出解約。

但這個觀點不是每一家公司能認同的，大部分的公司都不會採用這麼 nice 的 way

out。經紀公司一般情況下不會因爲模特沒有帶來足夠的收入而解約（引入的外模除外，因爲是短期合約，需要及時止損），他們寧可放著晾著直到合約期結束，也不想「便宜別人」。這時候模特的事業就會陷入停滯的狀況，有約在身，但又沒有工作。

模特的事業發展得順不順利，五十巴仙靠公司，五十巴仙靠模特，其實眞的不能都賴在公司頭上。以下幾點給想考慮解約的朋友們思考看看：

一、你的狀態ok嗎？

你的三圍符合標準嗎？你有好好保養自己的皮膚嗎？你有在健身嗎？

很多模特，尤其是已經出道一陣子的全職模特，很常會忽略自己的外觀狀態。要嘛是給自己找藉口說，我工作那麼忙哪有時間健身，要嘛就是覺得反正現在的自己也接到工作，廠商又沒complain，那代表自己沒問題。但長江後浪推前浪，這一行總是新人輩出，沒人是irreplaceable的，稍有鬆懈很快就會被取代，所以眞的應該要提高警覺，讓自己隨時隨地保持在最佳的狀態。

二、你有沒有在挑工作？

一個成功的模特是能夠多元化的，不只是只接死一類的工作。比如說電商模特其實也可以接廣告，runway模特也可以拍雜誌和lookbook。有些模特會陷入舒適圈，很不願意去挑戰自己平時沒接開的工作類型，遇到公司發她去試鏡，覺得自己不會中的所以不想去，或者是，去了也是敷衍敷衍地表現。

公司如果眞的發你去，通常就是廠商喜歡你的外型，覺得可以試試看，外型沒問題，就是等你表現過關了，你如果可以突破表演這一關，本來就能接更多的工作。這個「我不會中的啦不想去」的想法把你自己擺在一個框框裡，這個框框不只是爲你自己的工作量和工作類型設限，也是在經紀公司那邊畫了一條線，以後公司如果有同類型的工作都不會再 propose 你。

三、你跟公司的方向一致嗎？

假設你的目標是出國做 placement，而你公司的強項不是這一塊，幾年下來都是幫你接一些有錢但立不了 portfolio 的工作，那代表你們的方向不一致。你需要跟公司溝通，好好說明你想要達到的目標，在你全力配合維持自己狀態的情況下，公司有沒有辦法和力量幫你去到你想去的地方？這裡建議你其實在開聊之後可以觀察一兩個月，看有沒有進展，如果沒有，可能公司團隊眞的沒有 capacity 幫你實現夢想。

四、你的工作表現是否令廠商滿意？

最直接知道這個問題的答案就是，問問自己，廠商有沒有「回顧」，也就是我們所謂的 re-booking。如果廠商 book 過你，那代表你的外型是對的，但如果經過了那次工作之後，該廠商從公司 book 別的模特，就是不找你，那你應該要好好反省一下，上次工作的時候是不是得罪了人不自知？有沒有遲到？有沒有該帶的東西沒帶？或者工作表現不到位？

五、公司給予你的資源和帶來的收入足夠嗎？

把從簽約到現在，公司幫你安排過的試鏡和工作做個列表，這個量達到你心目中的標準嗎？公司有幫你安排 testshoot 來加強你的 portfolio 嗎？公司的 IG 和 FB 有幫忙推廣你嗎？

如果試鏡很多，一直不中，代表公司的模卡和推廣在廠商那邊是抓到眼球的，那就是你本身有需要加強的部分。反之，如果公司給你的推廣和試鏡並不足夠，沒有提供平臺讓你被看見，那就是公司的不足。

無論你得到的結論是什麼，在決定解約之前，不如再給公司一次機會，好好溝通，看能不能達成共識。公司既然把你簽下，也不是想要害你沒工作，有時候是手上的模特太多，或者那個季真的不流行你的 look，或者團隊換人在交接期，其實什麼原因都有可能。但真的走到解約這一步，我相信除了你自己本身不開心，公司可能也有些想法 hold 住沒跟你說。建議去聊一聊，然後再觀察做決定也不遲。

45 透過比賽出道，有用嗎？

看市場，看是什麼類型的比賽、看評審的資歷和主辦單位在賺錢的同時有沒有心要兼顧比賽的質量。

模特比賽我歸類成三種——錄製播放的、商業的及經紀公司主辦的。

錄製播放的就是任何會在電視或流量平臺上播放的比賽，最有名的就是 *America's Next Top Model*，它是所有模特眞人秀的鼻祖。類似的有 Naomi Campbell 製作的 *The Face*、亞洲區我們有亞洲超模爭霸賽——*Asia's Next Top Model*、*Supermodel Me*，中國的《天使之路》、《愛上超模》，韓國的 *Devil's Runway*，還有許多網臺爲了推動流量而設計的眞人秀。

錄製播放的比賽一般都是平臺的作品，平臺（或電視臺）最注重的就是收視率，比賽的質量和時尚度隨製作公司掌控。有些製作公司看重娛樂程度，比賽的環節很多都是爲了挑起參賽者之間的摩擦或看參賽者如何崩潰而設計。我看過有一些超級浮誇，現實中模特的工作裡根本不可能會出現的一些離奇挑戰，找一些聽都沒聽過的圈內人來做評分，很莫名其妙，但普羅大眾很愛看啊。這樣子的比賽我一般比較推薦給有心想要成爲 KOL 的模特們，配合比賽的播放炒一波，很容易就把 IG followers 推上去了。

當然也有很 detail 的製作公司，會很用心去瞭解模特圈真實工作環境和挑戰是什麼，找來的也是業界數一數二的人物。這樣的節目，即使參賽者沒有勝出，單單在節目中認識到或接觸到這些業界老大，如果能在節目期間留下好印象，其實對日後發展都是有幫助的。

我們家就有幾位模特是上了錄製播放的模特真人秀而爆紅的，比如說當年 *Asia's Next Top Model* 第三季的 Aimee Cheng-Bradshaw，上節目前已經當模特好幾年了，就是一直沒有印象點。負責她那一季的製作公司就是標榜她爲「跳脫不出廣告模特的甜姐兒」，還一直拿她嬰兒肥的身材做話題，激得她後期一直拉著另外一位菲律賓參賽者猛運動。所以節目宣傳期，大家看到的都是甩了嬰兒肥亮麗登場的她，十分勵志。公司順著這些話題炒一波，再趁著還有熱度的時候，去用力推廣給廠商，所以才有了她第一個時尚雜誌封面，也有之後的露得淸和愛迪達代言等等的機會。

錄製節目曝光率是有的，但這曝光率也有毒。上節目前，製作公司與電視臺或平臺都會要求參賽者簽約。簽約的其中一項就是要同意製作公司有權力以任何方式，去塑造參賽者的形象，而且參賽者不得不服從，日後也不得追究。任何一個有話題度、不沉悶、不難看的節目，有仙女自然會有惡魔，在電視上留下的形象，一不小心根深蒂固就很難抹去了。因爲基本上過了宣傳期（甚至有些節目連宣傳都沒有），不會再有媒體或觀衆來關心你之後的轉變。

之前 *Asia's Next Top Model* 中某一季的狠角色，在賽後想要加入我們公司，但是被拒絕了。她節目中不負責任和不專業的態度太鮮明，之後聽說她去接觸了好幾家母經紀公司也被拒絕了。某天我們幾個母經紀公司聊起這個女生，大家都紛紛說是因爲她節目中的形象而卻步的。她最後好像簽給一家完全不追這類節目的母經紀公司（也是我們大家的共同朋友），但事業一蹶不振，比上節目前更慘。

總的來說，我覺得錄製播放的比賽眞的要仔細挑，或者是，如果有機會上這樣子的比賽，在拍攝前先考慮好你想在節目上呈現的形象是什麼，還有賽後該怎麼配合宣傳，才能讓自己從中得到最大的利益。

商業性質的比賽一般是雜誌社、品牌方或商場爲了吸引人潮或推動買氣而舉辦的比賽。

無論是品牌方想提升知名度，或雜誌想要將銷量提高，或商場想要熱鬧，帶動買氣，反正一般賽程不會太複雜，也不會太長。通常就是線上報名參加，從中挑選入圍者，然後一個活動日解決。

商業性質的比賽好處在於，獎品一般都是跟主辦方有關聯的。比如雜誌社舉辦的比賽，冠軍可能會獲邀拍一個雜誌的內頁。如果是品牌主辦的，獎品基本一定會有品牌產品贊助，偶爾還會加入一年的代言或者參與廣告拍攝，但代言費不一定會付款，有可能就是以產品贊助抵消。

商業性質的比賽通常曝光率較小，這種比較適合超級新人，就是那種想獲得上臺和拍攝經驗的朋友們。要靠這一類的比賽出道，蠻難的。

新加坡以前每年會舉辦一場叫做 *The New Paper New Face* 的比賽，主辦方是報紙媒體 *The New Paper*，那個就算是做得非常成功的商業比賽例子。他們固定的贊助商是 Subaru，資金算是蠻充足了吧，而且因爲 *The New Paper* 所屬出版社是 SPH（Singapore Press Holdings，新加坡最大的報社）。冠軍除了在 *The New Paper* 曝光之外，旗下的雜誌在賽後都鑾支持的，就是會有事沒事找冠軍上來做個採訪或是做個內頁等。

唯一遺憾的是，宣傳拍攝的質量眞的很「報紙」，沒有拉到雜誌那邊的資源過來進行拍攝，照片出來都不怎樣。雖然如此，每一年到他們的甄選期，還是很多小妹妹們興致勃勃地去參加。

模特經紀公司的選秀比賽，這裡指的是比賽哦，不是甄選。分別在哪兒？甄選一般就是挑選加入經紀公司的模特，沒有勝負之分。但比賽就會有賽程、有宣傳、有淘汰、有總決賽和有贊助商等等，參賽者也不一定會加入經紀公司。

亞洲比較有名的是台灣凱渥舉辦的《夢幻之星》（已經停辦），伊林的《璀璨之星》，中國的《新絲路模特大賽》，中國的《龍騰精英時裝模特大賽》，這些賽程一般都有進行拍攝，並且在平臺上播放。先不說贏了會怎麼樣，基本上很多這種類型的比賽，贏不贏倒還是其次，最重要的是在比賽過程中能不能讓經紀公司以及參與的贊助商或合作商注意到你。贊助商和合作商如果喜歡你，即使你沒有勝出，還是有可能會透過該家經紀公司聘請你。自帶客源的模特，經紀公司不可能不簽，對吧？

有一些男生女生很愛參加各種比賽，希望能夠獲得入行出道的門票。我想說的是，重點不在於你參加幾場比賽，而在於你參加每一場比賽的時候，有沒有努力去經營自己的形象，以及有沒有從中學到什麼。不要太過去依賴主辦方幫你爭取機會，他們不是你的衣食父母，其實沒有義務去幫你製造什麼賽後發展的機會，也不要飢不擇食什麼比賽都參加，有些素質不行或統籌很草率的比賽，參加了不但是浪費時間，而且也對你形象很扣分。

46—什麼時候該放棄這個職業？

給自己設個時限，至少一年，最多三年。在這幾年裡毫無保留地用盡全力地去奮鬥，過了這個時限，如果達到不了你想達到的標準就轉行吧。

全職模特眞的不是誰都能當。

我們這一行，除了先天條件，剩下的就是努力和運氣。我願意相信上天是眷顧努力的小孩，但得到的不一定是功成名就，可能只是穩穩妥妥的三餐溫飽。至於家喻戶曉的超模，眞的就是在對的時間遇到對的人，做了對的決定，這樣的幸運兒少之又少。如果多了你也不稀罕，對吧？

所以什麼時候應該喊停呢？

你一個月只開一兩次工，而且這種狀況維持半年之久的時候。

你換過經紀公司，也換過造型，也換過市場，就是沒工作的時候。

你的崩潰已經嚴重影響你身心健康的時候。

你連基本生存都成問題的時候。

模特這個職業在成爲一個賺錢的渠道之前，它其實就是一個夢想，一個憧憬。我不覺得夢想需要被放棄，倒不如換個角度來進行，把模特這個夢想當成一個愛好來維持，而不是當成養家活口的職業，是不是會讓自己輕鬆很多。

這年頭，很多模特都能做到七老八十，現在的暫停也許只是個中場休息，搞不好你四十多歲回來就爆紅了呢，是不是？

後記

這本書他媽的難寫。

提筆是二〇一九年。起因很幼稚，就是被兩個有錯在先、而且還要在社交媒體大肆造謠的離巢女模氣到，當時就覺得乾脆我來出本書罵回去好了。二〇二〇年疫情大爆發，工作停擺，節奏慢下來之後，心反而很亂。書就一直卡在我的負能量最高漲的那兩篇。

我每次一打開 word 檔看到那個 opening，就寫不下去了。如何寫出一本富有眞實情感又不帶髒字的書，對我來說，眞的是人生的一大挑戰。

直到 Elise 說，妳自己的書愛寫什麼就寫什麼，反正妳也不 care 別人怎麼看，那就隨便罵，無所謂。高人指點哪，所以我差不多兩個月就寫完這本書了。

大家現在看到這個版本是修改過的，我最後還是把很多吐槽和爆料點抽掉了。如果這本大賣，我們再看哈。

模特經紀是這樣煉成的！

作者　Bonita Ma
總編輯　鄺健銘
編輯　林淑可
封面設計　季風帶設計部
封面繪圖　Kaci Beh
封面人物　Bonita Ma
內頁排版　高慧鈴、林淑可
圖片提供　Bonita Ma
校對　陳俐彥、林淑可

發行人　林韋地
出版　季風帶文化有限公司
地址　103 台北市大同區迪化街一段 198 號
電話　+886-2-87328546
電郵　monsoonzone.pub@gmail.com
臉書　季風帶
印刷　沐春行銷創意有限公司
發行　三民書局股份有限公司
初版一刷　二〇二二年九月
定價　三九〇元

國家圖書館出版品預行編目（CIP）資料

模特經紀是這樣煉成的！/Bonita　Ma著.--初版.--
臺北市：季風帶文化有限公司，2022.09
264面；13.5 x 20.5公分
ISBN 978-986-06111-8-2（平裝）
1.CST：模特兒 2.CST：經紀人
497.28　　111013021